电子技术理论与技能实践

张　超◎著

汕頭大學出版社

图书在版编目（CIP）数据

电子技术理论与技能实践／张超著. -- 汕头：汕
头大学出版社，2023.12
ISBN 978-7-5658-5237-4

Ⅰ. ①电… Ⅱ. ①张… Ⅲ. ①电子技术–研究 Ⅳ.
①TN

中国国家版本馆 CIP 数据核字（2024）第 004088 号

电子技术理论与技能实践

DIANZI JISHU LILUN YU JINENG SHIJIAN

作　　者：张　超

责任编辑：黄洁玲

责任技编：黄东生

封面设计：钟晓图

出版发行：汕头大学出版社

　　　　　广东省汕头市大学路 243 号汕头大学校园内　　邮政编码：515063

电　　话：0754-82904613

印　　刷：廊坊市海涛印刷有限公司

开　　本：710 mm×1000 mm　1/16

印　　张：10

字　　数：200 千字

版　　次：2023 年 12 月第 1 版

印　　次：2024 年 6 月第 1 次印刷

定　　价：58.00 元

ISBN 978-7-5658-5237-4

目　录

第一章　半导体

第一节　半导体的基础知识

导电性能介于导体与绝缘体之间的材料称为半导体，常见的半导体材料有硅、锗和硒等。利用半导体材料可以制作各种各样的半导体器件，如二极管、晶体管、场效应晶体管和晶闸管等都是由半导体材料制作而成的。

一、半导体的特性

根据导电性能的不同，自然界的物质分为三大类：导体、绝缘体和半导体。具有良好导电性能的物质称为导体，如银、铜、铝等金属材料。导电能力很差的物质称为绝缘体，如橡胶、陶瓷、塑料和玻璃等。导电能力介于导体和绝缘体之间的物质称为半导体，如硅（Si）、锗（Ge）和砷化镓（GaAs）等，常用的半导体材料是硅和锗。

（一）特性

1. 热敏性

半导体的导电能力随着温度的升高而明显增加。利用半导体的热敏性，可以制成热敏电阻或其他对温度敏感的传感器。

2. 光敏性

光照越强，半导体的导电能力越强。利用半导体的光敏性，可以制成光敏电阻、光电池等各种光敏元件。

3. 掺杂性

在纯净的半导体晶体中掺入极微量的杂质，就能使其导电性能大幅度地提高。利用半导体的这一特性，可以制成各种不同用途的晶体管。

二、半导体类别

（一）本征半导体

天然的硅和锗可以提炼成纯净的晶体结构，具有纯净的晶体结构的半导体称为本征半导体。

在纯硅（或锗）的原子结构中，最外层都是四个价电子，相邻两原子的价电子形成共价键结构。当本征半导体受到热或光激发后，价电子获得一定能量，即可摆脱共价键的束缚成为自由电子，同时在共价键中留下一个空位，这个空位称为空穴，这种现象称为本征激发。

由此可见，本征半导体中存在两种不同的载流子：带负电的自由电子和带正电的空穴，而且它们的数量相等，称为电子-空穴对。自由电子和空穴在运动中相遇时会重新结合而成，这个过程称为复合。在一定的温度下，激发和复合的过程同时进行，电子-空穴对的数目保持相对稳定，达到动态平衡，即载流子的浓度为定值。

常温下，本征半导体的载流子浓度很小，所以导电能力很弱。随着温度的升高和光照的加强，载流子的浓度增大，从而增强了半导体的导电性。通常，为了提高半导体的导电能力，可以在本征半导体中掺入微量杂质元素。

（二）杂质半导体

本征半导体中虽然存在两种载流子，但因本征半导体电载流子的浓度很低，所以，它们的导电能力很差。掺入微量杂质元素的半导体称为杂质半导体。按掺入杂质的不同分为 P 型半导体和 N 型半导体。

1. P 型半导体

三价的硼原子将取代晶体中某些硅（或锗）原子的位置。因为硼原子只有 3 个价电子，只能与相邻的 3 个硅（或锗）原子的价电子组成完整的共价键，而另一个共价键中留有一个空位。

在常温下，这个空位很容易被邻近硅（或锗）原子中的价电子来填补，使硼原子因多了一个电子而成为带负电的离子。同时，别处的硅（或锗）原子因少了一个价电子而出现一个空穴。可见，每掺入一个硼原子，就多出一个空穴，因此掺入的硼原子越多，产生的空穴也就越多。当然，在其余的硅（或锗）原子中，由于热激发也会产生少量的电子-空穴对。因此，当本征半导体中掺入三价元素后，空穴的数量大大增加而成为多数载流子（简称多子），自由电子是少数载流子（简称少子）。所以这种掺杂半导体称为空穴型半导体或 P 型半导体。由于三价元素硼或铟能够接受电子，因此称之为受主杂质。但杂质半导体的整体仍是电中性的。

2. N 型半导体

在四价的硅（或锗）晶体中掺入微量五价元素（如磷、砷、锑等）而形成的杂质半导体称为 N 型半导体。杂质原子在与周围的四价元素原子形成共价键时多余一个价电子，成为自由电子。这使得自由电子的浓度大大增加，杂质原子则变成带正电的离子，用 $\oplus$ 符号表示。除此之外，N 型半导体中还有本征激发产生的电子-空穴对。

所以，在 N 型半导体中，自由电子为多子，空穴为少子。在杂质半导体中，杂质离子虽然带电荷，但不能移动，所以不是载流子。整个杂质半导体由于正负电荷数目相等，因而保持电中性。多子的浓度主要取决于掺入的杂质浓度，而少子的浓度主要取决于温度。杂质半导体不仅可以大大改善导电性能，而且掺入不同性质、不同浓度的杂质，并使 P 型和 N 型半导体采用不同方式的组合，可以制造出品种繁多、用途各异的半导体器件。

因此，当本征半导体中掺入五价元素后，自由电子的数量大大增加而成为多子，其数量主要取决于掺杂浓度；空穴是少子，其数量主要取决于温度。所以这种掺杂半导体称为电子型半导体或 N 型半导体。由于五价元素磷或砷能够提供电子，所以称之为施主杂质。但就杂质半导体的整体而言，它们仍是电中性的。

三、PN 结

1. PN 结的形成

PN 结是构成各种半导体器件的基础。在一块晶体硅（或锗）上，采用掺杂工艺，分别在两边生成 P 型和 N 型半导体，在两者的交界处形成 PN 结。

P 型半导体中的多子是空穴，少子是电子；N 型半导体中的多子是电子，而少子是空穴。在 P 型和 N 型半导体结合后，P 型区的空穴向 N 型区做扩散运动，N 型区的电子则向 P 型区做扩散运动。

P 型区失去空穴，留下了带负电的杂质离子，N 型区失去了电子，留下了带正电的杂质离子。在交界面两侧形成一个由不能移动的正、负离子组成的空间电荷区，称为 PN 结。这个区域载流子极少，形成一个内电场，方向由 N 区指向 P 区。内电场一方面阻碍多子的扩散运动，另一方面促使两个区靠近交界面处的少子产生漂移运动，当扩散运动和漂移运动出现动态平衡时，空间电荷区宽度一定，内电场一定。

2. PN 结的单向导电性

（1）PN 结外加正向电压

当 PN 结外加正向电压（简称正偏），即 PN 结的 P 区电位高于 N 区电位时，外加电场与 PN 结的内电场方向相反，P 区的多子空穴向 PN 结移动，并进入空间电荷区中和部分负离子，同样，N 区的多子电子也向 PN 结移动，中和部分正离子，因此 PN 结变窄，内电场减弱，原来的平衡状态被破坏，扩散运动将大于漂移运动，多子的扩散电流通过回路形成正向电流 I，它包括空穴电流和电子电流两部分，虽然它们是带有不同极性的电荷，但运动方向相反，所以电流方向一致。多子的扩散电流随电压升高显著增加，少子的漂移电流对总电流的影响可以忽略。由于多子的浓度很大，形成的扩散电流大，所以 PN 结的正向电阻很小，称为导通。

（2）PN 结外加反向电压

当 PN 结外加反向电压（简称反偏）时，外加电场与 PN 结内电场方向一致，P 型区内的空穴和 N 型区内电子向离开 PN 结的方向移动，使空间电荷区变宽，内电场增强，原来的平衡状态被破坏，即多子的扩散运动受阻，而少子的漂移运动加强。这时，通过 PN 结的电流由少子的漂移电流决定。由于少子数量很少，因此反向电流很微弱，一般为微安数量级，在一定的温度条件下，少子的浓度是一定的，反向电流在一定的电压范围内不随外界电压的变化而变化，因此又称为反向饱和电流。此时，PN 结呈现很大的电阻，称为截止。当温度升高时，少子数量增多，反向饱和电流增大。

由此可见，PN 结具有单向导电性。此外，半导体中有自由电子和空穴两种载流子参与导电，分别形成电子电流和空穴电流，这与金属导体的导电机理不同。

四、异型半导体接触现象

在 P 型和 N 型半导体的交界面两侧，由于电子和空穴的浓度相差悬殊，因而将产生扩散运动。电子由 N 区向 P 区扩散；空穴由 P 区向 N 区扩散。由于它们均是带电粒子（离子），因而电子由 N 区向 P 区扩散的同时，在交界面 N 区剩下不能移动（不参与导电）的带正电的杂质离子，空穴由 P 区向 N 区扩散的同时，在交界面 P 区剩下不能移动（不参与导电）的带负电的杂质离子，于是形成了空间电荷区。在 P 区和 N 区的交界处会形成电场，称为自建场。在此电场作用下，载流子将作漂移运动，其运动方向正好与扩散运动方向相反，阻止扩散运动。电荷扩散得越多，电场越强，因而漂移运动越强，对扩散的阻力越大。

当达到平衡时，扩散运动的作用与漂移运动的作用相等，通过界面的载流子总数为 0，即 PN 结的电流为 0。此时，在 P 区和 N 区的交界处形成了一个缺少载流子的高阻区，我们称之为阻挡层（又称为耗尽层）。

第二节　半导体材料的发展历程

半导体材料是一类具有半导体性能（导电能力介于导体与绝缘体之间），可用来制作半导体器件和集成电路的电子材料，在微器件制备方面应用广泛，对电子、通信、计算机等领域的技术发展起到了重要的支撑作用。

一、20 世纪 50 年代

以锗为材料的晶体管在美国贝尔实验室诞生。锗材料制备的晶体管比真空电子管在体积、耗电量、寿命方面都具有较好的优势。我国制订了《1956—1967 年科学技术发展远景规划纲要》，针对半导体材料与器件，部署研究半导体的基本性质、锗的原材料和提纯技术，研制纯锗单晶体的制备方法，以及实验室内制造放大器的工艺技术和各种类型的锗器件，研究锗和硅电子学器件的制造和应用技术，光电和热电器件的制备技术。锗材料技术的发展为半导体器件制备提供了有力支撑，这一时期中科院半导体研究所和北京电子管厂半导体实验室合作，采用电真空器件的封接技术试制出锗二极管和锗合金晶体管；河北半导体研究所研制出 6 类锗高频台式晶体管和 9 种锗器件。

二、1960 年

半导体材料发展迅速，国际上出现了尺寸约 20 mm 的单晶硅片，半导体器件逐步取代电子管，使雷达、计算机、测试仪等电子装备快速向小型化发展。面对半导体工艺和新技术的发展，我国制订了《1963—1972 年科学技术发展规划纲要》，部署研究半导体材料提纯、制备、分析和半导体新材料，并聚焦我国电子学的发展，在量子电子学与固体电子学领域中固体化方向，还部署研究新材料、固体线路及工艺。《1963—1972 年科学技术发展规划纲要》的实施为我国发展半导体工艺和各种新技术奠定了较好的基础，突破了硅外延工艺和硅平面技术，研制出硅高频功率管等 20 多种硅平面型器件，并在 1965 年建成我国第一条年产 300 万只锗低频小功率管生产线，研制出第一台晶体管 8 路同声传译设备。

三、20 世纪 70 年代

我国关注高密度信息存储材料等新材料技术，在《1978—1985 年全国科学技术发展规划纲要》中，侧重研究材料的物理、化学、测试、工艺等方面的技术。在功能材料物理、化学效应及其转换机制方面，部署研究有机信息材料的机制及结构与性能的关系研究；在材料性能的表征参数及测试方法方面，部署电子计算机在材料科学研究中的应用；在微波电子学方面，部署研究微波管高频系统、新工艺、新技术和新材料；在光电电子学方面，部署研究功能材料及部件。

四、20 世纪 90 年代

以砷化镓、磷化铟等为代表的第二代化合物半导体材料崭露头角，半导体材料进入新阶段。为适应新的发展趋势，我国在《国家中长期科学和技术发展规划纲要》中部署：研究用于微电子及电力电子器件的硅、砷化镓、磷化铟等半导体材料，以及多层外延、非晶、异质结、超晶格等薄膜材料；研究微电子、光电子用超纯材料，包括浆料、试剂、气体等黏接封装用材料；研究各种敏感材料，包括光电子用有机和无机非线性光学材料、光致折变材料闪烁晶体等；

研究光存储与显示材料，包括磁光型、相变型、可擦写光盘材料和光子选通材料，有机光色材料，各种液晶及光材料等；探索分子电子学材料及生物电子学材料。

五、21 世纪初期

微电子光电子材料技术向着材料器件集成化、制备使用绿色化发展，以碳化硅、氮化镓为代表的第三代半导体材料兴起。在"十四五"规划中部署研究极大规模集成电路材料和新型电子功能材料，发展微电子/光电子/磁电子材料与器件技术。

2014 年年初，美国宣布成立"下一代功率电子技术国家制造业创新中心"，期望通过加强第三代半导体技术的研发和产业化，使美国占领下一代功率电子产业新兴市场，并为美国创造出一大批高收入就业岗位。日本建立了"下一代功率半导体封装技术开发联盟"，由大阪大学牵头，协同罗姆、三菱电机、松下电器等 18 家从事碳化硅和氮化镓材料、器件研发和产业化的知名企业、大学和研究中心，共同开发适应碳化硅和氮化镓等下一代功率半导体特点的先进封装技术。欧洲启动了产学研项目"LASTPOWER"，由意法半导体公司牵头，协同来自意大利、德国等 6 个欧洲国家的私营企业、大学和公共研究中心，联合攻关碳化硅和氮化镓的关键技术，使欧洲跻身世界高能效功率芯片研究与商用的最前沿。

在"十三五"规划中，我国以第三代半导体材料为核心，以大功率激光材料与器件、高端光电子与微电子材料为重点，发展先进电子材料，推动跨界技术整合。这期间取得了许多积极成果，功率型衬底白光 LED 芯片光效超过 100 lm/W，功率型白光 LED 光效超过 130lm/W；研制出无裂纹的高结晶质量氮化镓铝材料和 290 nm 紫外 LED 器件；初步研制成功金属有机化合物化学气相沉积工业生产性设备；研制出 16 通道 SOI 基中心波长热调制合波器，实现了 4.6 mA 调制电流下 0.7 nm 的波长漂移；研制出与 CMOS 兼容的单偏振光栅耦合器和偏振分离光栅耦合器；突破了深亚微米光刻、分区曝光与拼接等微纳尺度精细加工技术。

面向未来，我们更需聚焦微电子光电子材料的关键核心技术研发和创新应用，布局集成电路用电子材料、无载流子注入纳米像元电致发光显示关键材料与器件、彩色电子纸显示材料与器件、面向新能源汽车应用的 SiC 功率电子材料与器件、面向大数据中心应用的 GaN 基高效功率电子材料与器件、毫米波材料与器件研发、新结构新功能微小尺寸 LED 材料、镓系宽禁带半导体新型异质结构高灵敏信息感知材料和器件、新型自旋电子材料、激光材料等技术，推动半导体材料技术发展。

第二章 二极管

第一节 二极管的结构和符号及分类

一、二极管的结构与分类

半导体二极管也叫晶体二极管，简称二极管。它是由一个 PN 结加上电极和引线用管壳封装而成的。二极管的结构简单，在一个 PN 结的两侧分别引出电极，并把该 PN 结封装起来，引出电极引线就构成了一个二极管。从 P 型材料一侧引出的电极称为二极管的阳极 A，从 N 型材料引出的电极称为二极管的阴极 K。二极管符号中三角形箭头方向表示二极管正偏导通时电流的方向。

二极管的种类繁多。按照制造二极管 PN 结的材料来分，可以分为锗二极管、硅二极管、砷化镓二极管等；按照制造二极管采用的工艺来分又可以划分为点接触型、面接触型和平面型几种等。

（一）点接触型二极管的结构

其制造过程为：让一根很细的金属触丝与一块 N 型半导体材料相接触，并在金属触丝上施加一个幅值很大的瞬态电流，使得触丝烧结在 N

型材料的表面，在金属丝与 N 型材料烧结点的接触面上将会形成面积很小的 PN 结。由于点接触型 PN 结面积小，二极管的结电容效应小，高频响应性能好，因此这种类型的二极管被广泛应用于检波、混频等场合；这种二极管的不足在于 PN 结的面积小，能够流过的电流较小，能够承受的最大反向电压较低。

（二）面接触型二极管的结构

它是用合金法将一合金小球高温熔化在 N 型材料上形成 PN 结的。由于合金小球与 N 型材料接触面大，形成的 PN 结面积较大，因而可以允许较大电流通过，也能承受较高的反向电压及较高的工作温度，但由于结电容较大，因此不能用于高频电路，主要用于低频、大电流的电路中。例如在中、大功率的整流电路中，广泛将面接触型二极管作为整流二极管使用。

（三）平面型二极管的结构

平面型二极管的制造工艺与点接触型、面接触型二极管有较大的区别，这种制造工艺实际上是一种适合进行集成制造的生产工艺。该工艺过程为：先在 N 型硅片（通常称为衬底）上生成一层二氧化硅（SiO_2）绝缘层，再用光刻技术在需要制作 PN 结的地方开一窗口，去掉该窗口处的二氧化硅绝缘层，然后在窗口处进行高浓度硼扩散，在 N 型材料上形成一块 P 型区，这样在 P 型区与 N 型区之间便形成了 PN 结，最后在 PN 结的两侧引出电极，就可以完成二极管的制造了。平面型二极管的主要优点是：PN 结位于二氧化硅绝缘层的下面，不易受污染，因而性能稳定；其次，由于采用光刻技术，可以在一块硅片上一次制造数千只二极管，管子参数一致性较好；最后，通过光刻及扩散工艺可以控制所生成的 PN 结的面积大小，从而生产出不同参数的二极管，满足不同场合的需求。

1. 检波二极管

检波（也称解调）二极管的作用是利用其单向导电性将高频或中频无线电信号中的低频信号或音频信号检出来的器件，广泛应用于半导体收音机、收录机、电视机及通信等设备的小信号电路中，它具有较高的检波效率和良好的频率特性。

2. 整流二极管

将交流电源整流成直流电流的二极管称为整流二极管，整流二极管主要用于整流电路。利用二极管的单向导电功能将交电流变为直流电。由于整流二极管的正向电流一般较大，所以整流二极管多为面接触型二极管，结面积大、结电容大，但工作频率低。

3. 开关二极管

在脉冲数字电路中，用于接通和关断电路的二极管叫作开关二极管。开关二极管是利用正向偏压时二极管电阻很小、反向偏压时电阻很大的单向导电性，在电路中对电流进行控制，起到接通或关断的开关作用的。

4. 稳压二极管

稳压二极管利用二极管反向击穿时二端电压不变的原理来实现稳压限幅、过载保护。稳压二极管广泛用于稳压电源装置中，是代替稳压电子二极管的产品。常被制作成为硅的扩散型或合金型。常用的稳压二极管通常被塑料外壳或金属外壳等封装。

5. 变容二极管

变容二极管利用 PN 结电容随加到管子上的反向电压大小而变化的特性，在调谐等电路中取代可变电容。主要用于自动频率控制、扫描振荡、调频和调谐等。通常，用来变容的二极管为硅的扩散型二极管，但是也可采用合金扩散型、外延结合型、双重扩散型等特殊制作的二极管，因为这些二极管对于电压而言，其静电容量的变化率特别大。

6. 快恢复二极管

快恢复二极管的内部结构与普通二极管不同，它是在 P 型、N 型硅材料中间增加了基区 I，构成 P-I-N 硅片。因基区很薄，反向恢复电荷很小，所以快恢复二极管的反向恢复时间较短，同时还降低了瞬态正向压降，使管子能承受很高的反向工作电压。快恢复二极管（简称 FRD）是一种具有开关特性好、反向恢复时间短等特点的半导体二极管，主要应用于开关电源、PWM 脉宽调制器、变频器等电子电路中，可作为高频整流二极管、续流二极管或阻尼二极管使用。

7. 发光二极管

发光二极管是正向偏置时能发出光的二极管，简称 LED。由于它具有功耗小、体积小、寿命长、响应快及使用方便等特点，目前被广泛用作指示灯和数码显示管等。当管子正向偏置时，电子与空穴复合时释放出能量，从而发出一定波长的光，其波长与材料有关。砷化镓发光二极管发出的是绿光，磷化镓发光二极管发出的是绿光或红光。发光二极管的伏安特性曲线和普通二极管相似，它的工作电压一般在 2V 以下，工作电流一般为几毫安到几十毫安。

8. 光电二极管

光电二极管又称光敏二极管，是一种当光线照射时可以产生电子-空穴对，从而提高半导体中多子的浓度，并在反向偏置时增加反向电流的二极管。它的管壳上备有一个便于接收光照的透明聚光窗口，其反向电流随光照强度的增加而线性增加。光电二极管可以用来作为光控元件。当制成大面积的光电二极管时，可作为光电池使用。

9. 激光二极管

传统 LED 是非相干光源，这意味着 LED 不会产生聚焦光束，并且不是完全单色的，或者换句话说，LED 光具有围绕主强度线的一系列波长，也因此具有一定范围的能量。这一特性并不妨碍 LED 在上述应用中的实用性，但在需要高度相干（聚焦）和单色（单波长）光束时是一个局限。为了实现这两个特性，需要将传统的 LED 改进为半导体激光器或激光二极管。所述改进的目的是除了传统 LED 赖以工作的自发辐射之外，为在无机半导体 P-N 结的受激辐射创造条件。连续的自发辐射和受激辐射会引发激射，它是通过光学放大产生高强度、高相干并且单色的光束。

为了加强激光作用，二极管的主体需要包括一个光学腔，并且在结的 P 型和 N 型部分之间需要形成一层非常薄的本征材料以组成所谓的 P-I-N 二极管。它由与传统 LED 相同的直接带隙Ⅲ-Ⅴ族半导体化合物构建，其材料的选择与 LED 的情况一样取决于发射光所需的波长（颜色）。激光二极管的一个决定性特征是存在反射侧壁不停反射所产生的光子，进而产生更多的电子和空穴，从而在复合时产生更多的光子。所有这些额外生成的光子都是同相的，从而得到相干的单色光束。与传统的 LED 不同，这种光束横截面上的功率分布均匀。

激光二极管是不胜枚举的应用中的关键部件，其最重要的用途包括光纤通信、外科手术、光学存储器、条形码阅读器、激光笔、CD/DVD/Blueray 光盘读取和记录设备。

二、二极管的伏安特性

二极管的伏安特性就是 PN 结的伏安特性，在前面已经介绍了 PN 结的正向伏安特性和反向伏安特性，这里规定二极管所加电压的参考正方向为正偏电压方向，规定流过二极管电流的参考正方向为正偏电流方向，用 up 表示二极管两端的电压，用 in 表示流过二极管的电流，并且把二极管的正向伏安特性与反向伏安特性画在同一个坐标系中，这样就可以得到一张完整的二极管伏安特性图了。不同半导体材料制成的二极管的伏安特性不同。

（一）正向特性

正向电压低于某一数值时，正向电流很小，几乎为零，二极管呈现很大的电阻。这是由于外电场较小，还不足以克服 PN 结内电场的缘故。这段电流几乎为零的范围称为死区。正向电压增大，使二极管导通的临界电压称为死区电压，又称为门限电压或导通电压，用 U_{on} 表示。在室温下，硅二极管死区电压约为 0.5V，锗二极管死区电压约为 0.1V。当正向电压超过死区电压以后，PN 结的内电场被大大削弱，二极管的电阻变得很小，正向电流急剧增加，二极管处于正向导通状态，其导通压降很小。一般硅二极管的正向压降为 0.6~0.8V，锗二极管的正向压降为 0.2~0.3V。

（二）反向特性

在反向电压作用下，由少子漂移运动而形成很小的反向饱和电流。硅二极管的反向电流比锗二极管小，一般为纳安（nA）数量级；锗二极管的反向电流为微安数量级。

（三）反向击穿

当反向电压增加到一定值时，反向电流急剧增加，产生反向击穿，使二极管反向击穿的反向电压称为反向击穿电压，用 $U_{(BR)}$ 表示。产生反向击穿的原因是：由于外加反向电压加大，在 PN 结中形成很强的外电场，可以将原子最外层的价电子从共价键中强拉出来，形成电子-空穴对，使少子数目剧增。而处于强电场中的载流子又因获得强电场所供给的能量而加速，将其他电子撞击出来，形成连锁反应，反向电流愈来愈大，最后使二极管反向击穿。

二极管的伏安特性对温度的变化反应很敏感，随着温度的升高，正向特性曲线向左移，反向特性曲线向下移。其变化规律是：在室温附近，温度每升高 1℃，在同样的电流下，二极管的正向电压将减小 2~2.5mV；温度每升高 10℃，反向饱和电流将增加一倍。

三、二极管的参数

二极管的参数是定量描述二极管性能的质量指标，是正确使用和合理选择器件的重要依据，只有正确理解这些参数的意义，才能合理、正确地使用二极管。二极管的参数很多，这里简要介绍几个最常用的主要参数。

（一）最大正向平均电流 I_{FM}

最大正向平均电流指的是二极管长期工作时所允许通过的最大正向平均电流，也称为最大整流电流。它是由 PN 结的面积和外部散热条件决定的。实际使用时，流过二极管的平均电流不应超过此值，并要满足所规定的散热条件，否则将导致温度过高，性能变坏，甚至会烧毁二极管。

（二）反向击穿电压 U_{RM}

反向击穿电压指的是二极管能够承受的最大反向电压。该参数为二极管的极限参数，当二极管所承受的反偏电压超过此参数时，二极管极易击穿损坏。为了确保二极管使用安全并留出一定的安全裕量，二极管使用时所允许施加的最高反偏电压一般应该不超过反向击穿电压的一半。

（三）反向饱和漏电流 I_R

该参数是在常温条件下，给二极管施加一定的非击穿反偏电压测量得到的反向漏电流，此值越小，二极管反偏截止性能越好。该参数对温度很敏感，温度升高反向饱和漏电流会增加。

（四）最高工作频率 f_M

给二极管两端施加交流信号，二极管交替承受正偏与反偏电压，于是二极管交替导通截止，但是当不断提高交流信号的频率时，即使二极管承受瞬时的反偏电压，二极管也不会截止，此时二极管失去单向导电能力。产生这一现象的原因是二极管的电容效应。二极管的最高工作频率 f_M 指保持二极管的单向导电性不被破坏的情况下，能够给二极管施加的交流信号的最高频率。

四、稳压二极管

稳压二极管简称稳压管，它是一种特殊的面接触型半导体硅二极管。在电路中当稳压管工作在反向击穿区，与适当阻值的电阻配合时，其端电压几乎不变，具有稳定电压的作用。

稳压管的正向特性与普通二极管相似，但其反向特性在击穿段比普通二极管更陡一些。稳压管工作在反向击穿区，当反向电流在较大范围内变化时，稳压管两端的电压变化却很小，这说明它具有很好的稳压特性。它与普通二极管的区别是反向击穿为可逆的。在一定的反向电流和功率损耗条件下，稳压管反向击穿，当反向电压降低后，管子又恢复为正常的特性。稳压管的主要参数为：

（一）稳定电压 U_Z

U_Z 是指稳压管正常工作时管子两端的电压。但是，由于工艺上的原因，以及管子工作电流受温度变化的影响，即使同一型号的稳压管，其稳定电压也有一定的分散性。例如 2CW20 稳压管的稳压值为 13.7～17V。但对任意一只管子而言，U_Z 为一个确定值。

（二）稳定电流 I_z

I_z 是指稳压管正常工作时的参考电流。电流低于此值时，稳压效果较差；电流高于此值时，只要不超过额定功耗，就可以正常工作，且电流越大，稳压效果越好，但管子的功耗要增加。

（三）最大稳定电流 I_{zmax}

I_{zmax} 是指稳压管可以正常稳压的最大允许工作电流。使用稳压管时，工作电流不能超过此值。一般取稳压管的工作电流 I_z 为 $I_{zmin} < I_z < I_{zmax}$。

（四）电压温度系数 a_v

a_v 指稳压值受温度影响的变化系数。即温度每升高 1℃ 时，稳定电压变化的百分数。一般稳定电压低于 4V 的稳压管，具有负的温度系数；稳定电压高于 6V 的稳压管，具有正的温度系数；稳定电压在 4V 到 6V 之间的稳压管，其电压温度系数可能为正，也可能为负。

（五）动态电阻 r_Z

r_Z 是指稳压管工作在稳压区时，两端电压的变化量 OU_Z 与对应电流变化量 OI_Z 之比，即 r_Z 越小，稳压管的稳压性能越好。r_Z 随工作电流不同而变化，电流越大，r_Z 越小。

（六）最大耗散功率 P_{ZM}

P_{ZM} 是指稳压管不致发生热击穿的最大功率耗散。

五、二极管的符号

二极管是电子电路中比较常用的电子元器件之一，一般用字母"D""VD""PD"等加数字表示。在电路图中每个电子元器件还有其电路图形符号。

六、二极管的单向导电性

二极管具有单向导电性，即电流只能沿着二极管的一个方向流动。将二极管的正极（P）接在高电位端，负极（N）接在低电位端，当所加正向电压到达一定程度时，二极管就会导通，这种连接方式，称为正向偏置。需要补充的是当加在二极管两端的正向电压比较小时，二极管仍不能导通流过：二极管的正向电流是很小的。只有当正向电压达到某一数值以后，二极管才能真正导通。这一数值常被称作门槛电压。

如果将二极管的负极接在高电位端，正极接在低电位端，此时二极管中几乎没有电流流过，二极管处于截止状态，我们称这种连接方式为反向偏置。这种状态下二极管中仍然会有微弱的反向电流流过二极管，该电流称为漏电流。当两端反向电压增大到一定程度后，电流会急剧增加，二极管将被击穿失去单向导电功能。

七、特殊二极管

（一）稳压二极管

当流过一个电子元件的电流发生变化时，其两端电压基本不变，这样的元件就具有稳压的特性。稳压二极管就是这样的元件，在反向击穿时，其电流在一定的范围内变化，端电压几乎不变。正是有这样的特性，稳压二极管广泛应用于稳压电源与限幅电路之中。

1. 稳压管的伏安特性

稳压管其正向特性与普通二极管一样，为指数曲线。反向特性分为两个部分：当稳压管外加反向电压的数值小于击穿电压时，其电流很小，稳压管截止；当反向电压大到一定程度（U_Z）时，稳压管被击穿，特性曲线急转直下，几乎平行于纵轴，显然在这段区域符合电流变化、电压几乎不变的特点，表现其具有稳压特性。为了保证其正常工作，流过稳压管的电流必须限制在一定范围，否则，若电流过小，则失去稳压效果，若电流过大，则管子将因过热而损坏。

2. 稳压管的主要参数

（1）稳定电压 U_Z

稳定电压指规定电流下稳压管的反向击穿电压。不同型号的稳压管，其稳定电压的值不相同，即使是同一型号的管子，稳定电压也有一定的差别。例如，型号为 2CW11 的稳压管的稳定电压为 3.2~4.5 V。但具体到某根管子而言，U_Z 为确定值。

（2）稳定电流 I_Z

稳定电流指稳压管工作在稳压状态时的参考电流。电流低于此值时稳压效果变坏甚至根本不稳压。也常将 I_Z 记作 I_{Zmin}。

（3）动态电阻 γ_Z

稳压管动态电阻与普通二极管动态电阻不同，其定义是在反向击穿区稳压管两端电压变化量与电流变化量的比值，γ_Z 数值很小，一般为几十欧姆。显然，γ_Z 越小，击穿特性曲线越陡峭，稳压性能越好。

（4）额定功耗 P_{ZM}

稳压管的额定功耗等于稳定电压 U_Z 与最大稳定电流 I_Z（或记作 I_{Zmax}）的乘积。电路工作时若稳压管的功耗超过此值，会因 PN 结温升过高而损坏。工程设计时，常根据额定功率和稳定电压的要求计算最大稳定电流 I_{Zmax} 的值。只要不超过额定功率，电流越大，稳压效果越好。

3. 稳压管应用电路分析

在应用稳压管时，不仅要给它加上反向偏压，而且要保证流过稳压管的工作电流在 I_{Zmin} 与 I_{Zmax} 之间。为此，采用稳压管的电路中必须串联一个电阻来限制工作电流，这个电阻称为限流电阻。如何计算并选取限流电阻的值是稳压管应用的关键。

4. 发光二极管

发光二极管简称 LED，它是一种将电能转换为光能的半导体器件，主要由砷化镓（GaAs）、磷化镓（GaP）等半导体材料制成。光的颜色取决于制造 PN 结所用的材料，如砷化镓发射红外光，如果在砷化镓中掺入一些磷即可发出红色可见光；而磷化镓可发出绿色可见光。

发光二极管按发光颜色可分为红色、黄色、蓝色. 绿色、变色发光二极管和红外光二极管等。

发光二极管与普通二极管一样，也是由 PN 结构成的，也具有单向导电性，但正向导通压降较普通二极管高，一般为 1.8~2.2 V。正向电流越大，发光越强。使用时应特别注意不要超过最大功耗、最大正向电流和反向击穿电压等极限参数。

发光二极管因其驱动电压低、功耗小、寿命长、可靠性高等优点广泛应用于各种家电、仪表等设备中，做电源或电平指示，有时也用于照明。

5. 光电二极管

光电二极管又称光敏二极管，它可以将光信号转变为电信号，其工作原理是利用 PN 结加反向电压，反向电阻随着照射的光线强度变化而变化，光线越强，反向电阻越小，反向电流越大。光电二极管的管壳上有一个玻璃窗口以便接收外部的光照，其外形、电路符号如光电二极管种类很多，可用在红外遥控电路中。为减少可见光的干扰，常采用黑色树脂封装，管壳上往往做出标记角，指示受光面的方向。光电二极管在使用过程中管壳必须保持清洁，以保证器件光电灵敏度。

6. 太阳能电池

光伏一词是指通过光伏效应将太阳能直接转化为电能的技术领域，光伏效应是半导体太阳能电池工作的一种基础效应。而 LED 是通过电致发光过程将电流转换为光，故太阳能电池的工作原理与 LED 的工作原理正好相反。

在光伏效应中，光伏材料吸收太阳能的能量，所以在固体中产生了自由载流子，有助于增加流过固体的电流。这与光电效应中吸收光产生的电子被发射到固体外部去是不同的。在固体中，半导体特别适合于利用在阳光下激发的光伏效应来制备太阳能电池。因此，广义的光伏，通常指的是该产业的相关部分，本质上是半导体太阳能电池技术的一个宽泛指代。

为了发挥光伏效应的作用，半导体太阳能电池必须是二极管的形式，典型的是双端器件的形式，其内建势垒与 PN 结相关，PN 结的位置应很容易被入射到器件受光面的光穿透。基于 PN 结的半导体太阳能电池的工作，电池的一个显著特征是与照明表面的欧姆接触仅覆盖电池表面的一小部分，剩余部分直接暴露于光中。被照亮的表面覆盖着一层薄薄的对阳光透明的材料作为防反射涂层。太阳能光谱中能量高于半导体能隙 E_g 的部分在靠近上表面的结的空间电荷区产生电子-空穴对。电子和空穴被存在于空间电荷区内的电场所分离并通过扩散向相反方向移动，从而产生流过器件的光电流。

当端口短路时，光伏效应导致了短路电流 I_{sc}。当端口开路时，电池内部的电荷分离建立了电池两端之间的电势差，用开路电压 V_{oc} 表示。太阳能电池的这两个关键参数标记在其输出 I-V 特性上，其形状代表了被称为填充因子的参数并且定义了太阳能电池的性能。在实际情况下，FF 可在 0.7~0.9 之间变化，反映出与电池质量相关的功率损失。

太阳能电池的效率取决于构造太阳能电池的材料及其结构的复杂性，故也取决于其制造过程中所采用的工艺步骤的复杂性。一个普遍有效的规则是，太阳能电池的效率与其成本成正比，这包括所用材料的成本和制造工艺的成本。

绝大多数太阳能电池都是用硅制造的，一方面硅是迄今为止最常见和最高度可制造的半导体材料，另一方面它的能隙与太阳能的能谱非常匹配。硅太阳能电池的性能取决于所用原材料的成本与质量。使用非常薄的单晶硅晶圆制造的相对高成本的电池效率可能在 20%～25% 的范围内，而使用较低成本的多晶硅晶圆制造的电池效率在 18%～20%。低成本的商业薄膜非晶硅（a-Si）太阳能电池通常形成于 ITO 覆盖玻璃上，其效率约为 10%。不过，需要注意的是，随着制造技术的进步，所有类型硅太阳能电池的效率都在提高。

为了有实际意义地提高太阳能电池的效率，必须使用多结、多材料电池（称为串联太阳能电池），其目标是通过捕获光谱的更大部分以更好地利用太阳能谱。单材料电池的问题是，当具有能量 E 的太阳能的光子小于电池材料的能隙（$E<E_g$）时对光伏效应没有任何贡献，而能量显著超过 E_g 的光子也只做出了部分贡献。为了克服这一问题，可以将具有不同能隙的半导体堆叠在多结串联太阳能电池中。这么做的结果是得到通常由不同组分的Ⅲ-Ⅴ族半导体形成的多层结构，这些Ⅲ-Ⅴ族半导体的能隙宽度从堆叠的底部到顶部增大，以确保能吸收太阳能谱中相当宽的波长范围。堆叠的顶层吸收最短的波长，而较长的波长穿透深度更深，在堆叠的底部中被较窄带隙的材料吸收。这一类太阳能电池的成本最高，但电池的效率也最高，可接近50%。

与 OLED 类似，有机太阳能电池中光转化为电的机理与上面讨论的无机半导体电池有所不同，它们的效率也有所不同。有机太阳能电池的效率仅为百分之几。尽管如此，有机电池的低成本与有机分子的灵活性相结合，让有机光伏技术成为一种高度可行的技术，使得它们可以用于刚性衬底无机电池无法使用的特殊应用。

作为对半导体太阳能电池的概述的总结，需要指出的是在成本-效率图两端的电池都能找到有用的应用。如何选择取决于具体应用的类型，它决定了有多大的面积可以用于安装太阳能电池面板。如果可用于安装太阳能电池面板的面积是用平方千米来计算的（例如太阳能发电厂），那么低效率但同时低成本的电池也是一种解决方案。如果面积非常有限，比如是用来驱动人造卫星的太阳能电池面板，那么高效率太阳能电池是唯一的解决方案，成本反而变成次要因素。

第二节 二极管整流电路

二极管最多的应用是整流，整流就是利用二极管的单向导电特性将交流电变换成直流电。整流电路分为半波整流、全波整流、桥式整流及倍压整流电路等。在二极管整流的过程中，由于交流电压通常远大于二极管的正向开启电压，故认为二极管的正向导通电阻为零，反向电阻为无穷大。

一、单相半波整流电路

为突出重点，在分析整流电路时，一般均假定负载呈电阻性；整流二极管为理想二极管，变压器无损耗且内部压降为零。

（一）原理分析

变压器二次电压 U_2 是一个大小和方向都随时间变化的正弦波电压。在 $0 \sim \pi$ 时间内，U_2 为正半周，即变压器极性上端为正、下端为负。此时二极，管承受正向电压而导通，U_2 通过二极管加在负载电阻 R_L 上，在 $\pi \sim 2\pi$ 时间内，U_2 为负半周，变压器二次电压极性下端为正、上端为负。这时二极管承受反向电压，不导通，R_L 上无电压。在 $2\pi \sim 3\pi$ 时间内，重复 $0 \sim \pi$ 时间的过程，而在 $3\pi \sim 4\pi$ 时间内，又重复 $\pi \sim 2\pi$ 时间的过程……这样反复下去，交流电的负半周就被"削"掉了，只有正半周通过 R_L 在 R_L 上获得了一个单一方向（上正下负）的电压，达到了整流的目的。但是，负载电压 U_o 以及负载电流的大小还随时间而变化，因此，通常称它为脉动直流电。

这种除去半周的整流方法，称为半波整流。不难看出，半波整流是以"牺牲"一半交流为代价而换取整流效果的，电能利用率很低（计算表明，整流得出的半波电压在整个周期内的平均值，即负载上的直流电压 $U_0 = 0.45U_2$）。因此，常用在高电压、小电流的场合，而在一般无线电装置中很少采用。

二、单相桥式整流电路

如果把整流电路的结构做一些调整，可以得到一种能充分利用电能的全波整流电路。单相桥式全波整流电路是由变压器、四个整流二极管接成电桥形式的整流桥组成。其中要注意四个整流二极管的连接顺序，其中的一对角接负载 R_L，另一对角接变压器二次绕组，构成原则就是为了在变压器二次电压 U_2 的整个周期内，负载上得到的电压和电流方向始终不变。

（一）原理分析

单相桥式全波整流电路的工作原理。

全波整流电路的工作原理如下：U_2 为正半周时，对 D_1、D_3 加正向电压，D_1、D_3 导通；对 D_2、D_4 加反向电压，D_2、D_4 截止。电路中构成 U_2、D_1、R_L、D_3 通电回路，在 R_L 上形成上正下负的半波整流电压。U_2 为负半周时，对 D_2、D_4 加正向电压，D_2、D_4 导通；对 D_1、D_3 加反向电压，D_1、D_3 截止。电路中构成 U_2、D_2、R_L、D_4 通电回路，同样在 R_L 上形成上正下负的另外半波的整流电压。可见，由于 D_1、D_3 和 D_2、D_4 两对二极管在一个周期内交替导通，使 R_L 上电压 U_o、电流 I_o 方向始终不变。

第三节 滤波和稳压电路

一、电容滤波电路

交流电经过二极管整流之后，方向单一了，但是大小（电流强度）还是处在不断变化之中。这种脉动直流一般是不能直接用来给无线电装置供电的。要把脉动直流信号变成波形平滑的直流信号，还需要再做一番"填平取齐"的工作，这便是滤波。换句话说，滤波的任务，就是把整流器输出电压中的波动成分尽可能减小，改造成接近恒稳的直流电压。

滤波器一般由电感或电容以及电阻等元件组成。直流电源中滤波电路的显著特点是：均采用无源滤波电路；能够输出较大电流。最常用的滤波电路是电容滤波电路。

电容器是一个储存电能的仓库。在电路中，当有电压加到电容器两端的时候，便对电容器充电，把电能储存在电容器中；当外加电压失去（或降低）之后，电容器将把储存的电能再释放出来。充电的时候，电容器两端的电压逐渐升高，直到接近充电最大电压；放电的时候，电容器两端的电压逐渐降低，直到完全消失。电容器的容量越大，负载电阻值越大，充电和放电所需要的时间越长。这种电容器两端电压不能突变的特性，正好可以用来承担滤波的任务。

单相桥式整流电容滤波电路中，电容器与负载并联。由于滤波电容容量较大，一般均采用电解电容，所以在接线时应注意其正、负极性。电容滤波电路利用电容的充放电作用，使输出电压趋于平滑。

二、电感滤波电路

在大电流负载的情况下，由于负载电阻很小，若采用电容滤波电路，则其容量势必很大，导通角将变得很小，整流二极管的冲击电流也非常大，这就使得整流管和电容器的选择变得很困难。在此情况下，应当采用电感滤波。在整流电路与负载电阻之间串联一个电感线圈 L，就构成电感滤波电路。由于电感线圈的电感量要足够大，所以一般需要采用有铁心的线圈。

当流过电感线圈的电流增大时，线圈产生的自感电动势与电流方向相反，阻止了电流的增加，同时将一部分电能转化成磁场能存储于电感之中；当通过电感线圈的电流减小时，线圈产生的自感电动势与电流方向相同，能阻止电流的减小，同时释放出存储的能量，以补偿电流的减小。因此，经电感滤波后，负载电流及电压的脉动将减小，波形变得平滑，且整流二极管的导通角增大。

电感整流电路的输出电压可分为两部分：一部分为直流分量，是整流电路输出电压的平均值 U_{ouv} （全波整流电路的该值约为 0.9U，）；另一部分为交流分量 Us。电感对直流分量所呈现的电抗很小，为线圈本身的电阻 R；而对交流分量呈现的电抗为 wL。若二极管的导通角近似为 π，则电感滤波后的输出电压平均值为上式表明，在电感线圈不变的情况下，负载电阻越小（即负载电流越大）。输出电压的交流分量越小，脉动也就越小。L 越大，滤波效果越好。只有在 R<wI 的情况下，才能获得较好

的滤波效果。另外，由于滤波电感感生电动势的作用，可以使二极管的导通角等于 π。这将减小二极管的冲击电流，平滑流过二极管的电流，从而延长二极管的使用寿命。

三、三端集成稳压电路

实用电子电路发展的趋势之一是小型化、集成化，早在 20 世纪 70 年代集成稳压电路已广泛使用，特别是三端集成稳压电路具有性能好、可靠性高、体积小、使用方便、成本低廉等优点，使用更加普遍。下面对它的组成框图、分类、品种选择、使用注意事项和典型应用等，分别做简单的介绍。

（一）结构框图

三端集成稳压电路的组成实质上和串联稳压电路基本相同。

（二）分类

三端集成稳压器可分为两种类型。

1. 三端固定电压稳压器

它又分两种：

（1）三端固定正电压稳压器，如 78 系列等。输出电压值有：5V、6V、8V、9V、10V、12V、15V、18V、24V 等，输出电流有：100mA、500mA、1A、1.5A、3A 等。也有其他输出量值的三端固定正电压稳压器。

（2）三端固定负电压稳压器，如 79 系列等，输出电压值有：-5V，-6V、-8V、- 9V、-10V、-12V、-15V、-18V、-24V 等，输出电

流有：100mA 、500mA、1A、1.5A、3A 等。也有其他输出量值的三端固定负电压稳压器。

三端集成稳压器的由取样、基准、放大和调整等单元组成。三端集成稳压器只有三个引出端子：输入、输出和公共端。输入端接整流滤波电路，输出端接负载，公共端接输入、输出的公共连接点。

2. 三端可调电压稳压器

它也分两种：

（1）三端可调正电压稳压器，如 W317（LM317）等，输出电压为 1.2~37V，输出电流为 1.5A。

（2）三端可调负电压稳压器，如 W337（LM337）等，输出电压为−1.2~−37V，输出电流为 1.5A。

第三章　直流稳压电源

在很多电子设备中都需要稳定的直流电源，供电电压通常是由电网提供的交流电转换后得到的。对直流电源的主要要求是：输出电压平滑，脉动成分小，幅值稳定，由交流电变换成直流电时的转换效率高且具有一定的带负载能力。

本章主要讲述直流稳压电源的组成及各部分的作用、工作原理，最后，对开关型稳压电路的工作原理进行简单的介绍。由前面章节内容可知，由晶体管和场效应管组成的电路都需要直流电源供电，并且电源的稳定程度对电路性能有很直接的影响。因此，各种电子仪器都需要能提供稳定直流电压的直流电源供电。直流电源可分为两大类，一类是化学电源，如干电池、蓄电池等。另一类是直流稳压电源，它是把交流电网的电压降为所需要的数值，然后通过整流、滤波和稳压电路，得到稳定的直流电压。

第一节　直流电源的组成及各部分的作用

直流稳压电源主要分为线性稳压电源和开关稳压电源，一般来说，线性稳压电源输出功率较小、效率低，多用于小功率电路，当负载要求功率大、效率高时，常采用开关稳压电源。

一、直流稳压电源的组成

直流稳压电源是能量转换电路，可将交流电转换成直流电，此电路的输入是交流电网提供的 50Hz、220V（单相）或 380V（三相）正弦电压，输出则是稳定的直流电压。直电源变压器将电网电压变换成所需的值从其副边输出，副边电压的有效值取决于后面电路的需要，通常小于原边电压。小功率电源常以单相交流电输入，大功率电源常以三相交流电输入。

在工农业生产、科学实验和日常生活中，使用的几乎全都是交流电。但是，在很多场合，例如各种电子仪器设备的使用、直流电动机的运行、电解、电镀、蓄电池充电等都需要直流电源供电。获得直流电源的方法较多，但比较经济实用的方法通常是将交流电源变换成为直流稳压电源。直流稳压电源一般由整流变压器、整流电路、滤波电路和稳压电路 4 部分组成，各部分的作用如下。

（一）电源变压器

电网提供的交流电一般为 220V（或 380V），而各种电子设备所需要直流电源的幅值却各不相同。因此，常常需要将电网电压变换为符合整流需要的电压。

（二）整流电路

整流电路的作用是利用具有单向导电性能的二极管，将正、负交替的正弦交流电压整流成为单方向的脉动电压。但是，这种单相脉动电压往往包含着很大的脉动成分，距离理想的直流电压还差得很远。

（三）滤波电路

滤波电路由电容、电感等储能元件组成，作用是将脉动成分较大的直流电压中的交流成分滤掉，使电压波形变得较为平滑。

（四）稳压电路

经过整流滤波后的电压波形尽管较为平滑，但它受电网电压变化或负载变化的影响较大，稳压电路的作用就是使输出的直流电压在电网电压或负载发生变化时保持基本不变，给负载提供一个比较稳定的直流电压。

根据稳压电路中调整管的工作状态可分为线性稳压电源和开关稳压电源。线性稳压电路中的调整管工作在线性放大状态，其优点是精度高、纹波小、噪声低、电路结构简单；缺点是功耗大、效率低，一般只能达到40%～60%。开关稳压电路中的调整管工作在开关状态，其优点是功耗小、效率高，一般可达到70%～90%；缺点是电路复杂、纹波大。所以，在要求低纹波和低噪声的高精度直流电源中，要采用线性稳压电路。

第二节　开关型稳压电路简介

一、开关型稳压电路优缺点

在各种晶体管稳压电路中，调整管均工作在线性放大区，属于线性串联调整型稳压电路。它具有结构简单、输出稳定度高、输出电压可调、输出纹波小、工作可靠等优点。但由于调整管总是工作在线性放大区，

调整管的管压降 U_c 和集电极电流 I_c 均较大，因此管子的管耗较大，效率低，一般只能达到40%左右。特别是在输出电压和负载电流调节范围较大时，为解决散热问题，还需配备一定的散热装置，这导致稳压电路的体积和重量增大。

开关型稳压电路能克服上述稳压电路的缺点，在这种电路中调整管工作在开关状态，即管子交替工作在饱和与截止两种状态下。当管子饱和导通时，流过管子的电流 I_{cb} 虽然大，但是管压降 U_{CES} 很小，因此两者的乘积（即管耗）很小。当管子截止时，管压降 U_{CES} 虽大，但流过的电流 I_{CEO} 却很小，近似等于零，不消耗功率。管耗主要发生在工作状态的转移过程中，而开关转换的时间又很短，所以在开关状态下，调整管本身的管耗很小，有时连散热片都不用。故开关型稳压电路具有体积小、重量轻、功耗小、效率高等特点，效率一般可达85%以上，因此得到了迅速的发展和越来越广泛的应用。开关型稳压电源也有不足之处，主要表现在：输出波纹系数大；调整管不断在导通与截止状态之间转换，从而对电路产生射频干扰；电路比较复杂且成本高。随着微电子技术的迅猛发展，大规模集成技术日臻完善。近年来已陆续生产出开关电源专用的集成控制器及单片集成开关稳压电源，这对提高开关电源的性能，降低成本，以及在使用维护等方面起到了明显效果。目前开关稳压电源已在计算机、电视机、通信和航天设备中得到了广泛的应用。

二、开关型稳压电路类型

开关型稳压电路的类型很多，而且可以按不同的方法来分类。比如按控制的方式分类，有：脉冲宽度调制型（PWM），即开关工作频率保持不变，控制导通脉冲的宽度；脉冲频率调制型（PFM），即开关导通的时间不变，控制开关的工作频率；以及混合调制型，为以上两种控制方式的结合，即脉冲宽度和开关工作频率都将变化。以上 3 种方式中，脉冲宽度调制型用得较多。

串联型开关稳压电路与线性串联调整型稳压电路在电路组成上相比，除含相同的取样环节、基准电压环节、比较放大环节外，还必须有开关控制环节、振荡器、开关调整管和续流滤波等部分。

开关稳压电源的最佳开关转换频率一般在 $10 \sim 1000 \mathrm{kHz}$ 之间，频率越高，则所需的滤波元件 L、C 的数值越小，从而使开关稳压电源的体积和重量减小，但同时使开关调整管的管耗增加、效率下降。

分立元件组成的开关稳压电路所需元器件数量较多，体积较大。随着集成工艺的发展以及大规模集成技术不断完善，近年来已生产出开关电源专用的集成控制器及单片集成开关稳压电源，这对提高开关电源的性能、降低成本、便于使用维护等方面起到了明显效果，因此集成开关稳压器的应用越来越广泛。

三、脉冲调宽式开关型稳压电路

脉冲调宽式开关型稳压电路的工作情况如下：假设由于电网电压或负载电流的变化使输出电压 U_{o} 升高，则经过采样电阻以后得到的采样电压 U_{F} 也随之升高，此电压与基准电压 U_{REF} 比较以后再放大得到的电压 U_{A} 也将升高，U_{A} 送到比较器的反相输入端，当 U_{A} 升高时，将使开关晶体管基极电压 U_{B} 的波形中高电平的时间缩短，而低电平的时间增长，于是晶体管在一个周期中饱和导电的时间减少，截止的时间增加，则其

发射极电压 U_E 脉冲波形的占空比减小，从而使输出电压的平均值 U_o 减小，最终保持输出电压基本不变。

四、数字电源

在电子电路系统中，通信、网络、智能家电等都逐步实现了数字化。所以，近年来，出现了数字电源。数字电源具有高性能、高集成度和高可靠性等特点，其设计非常灵活。随着 IC 厂商不断推出更新型号、性能更好的数字电源 IC 产品以及用户对数字电源认识的深入，数字电源的应用将会得到普及。

对于什么是数字电源，目前业界对此并没有一个清晰统一的定义，各个公司对此的解释也不尽相同。比如，有的厂商从功能上对数字电源进行了定义：数字电源就是数字化控制的电源产品，它能提供管理和监控功能，并延伸到对整个回路的控制。而也有厂商把数字电源定义为：数字电源是通过一个数字内核和嵌入式通信接口对多个电源转换模块和外部元器件进行控制等。

数字电源与模拟电源的区别主要集中在控制与通信部分。在简单易用、参数变更要求不多的应用场合，模拟电源产品更具优势，因为其应用的针对性可以通过硬件固化来实现，而在可控因素较多、实时反应速度更快、需要多个模拟系统电源管理的、复杂的高性能系统应用中，数字电源具有优势。

第三节　整流电路

在用于电动汽车充电的无线电能传输系统中，整流器的作用是将接收谐振器接收到的高频交流信号通过整流后给动力电池充电。根据整流器中选用的元器件不同，整流器可分为不可控整流电路、相控整流电路和全控整流电路。比如整流器中元器件均为二极管组成的为不可控整流电路，元器件由通态电阻小的 MOSFET 组成的为全控整流电路。全控整流电路典型的应用就是同步整流器，同步整流器通常应用于输出电压较小的场合，因为在输出电压较小时，二极管由于压降较大使其通态损耗大于 MOSFET 的通态损耗，因此二极管整流器在低压时效率较低。同步整流技术的缺点是需要对 MOSFET 进行导通与关断的控制，需要设计驱动电路和控制算法，系统将变得复杂。所以，当输出电压较高时，通常不使用同步整流器，而是应用电路结构简单、无须驱动和控制且成本较低的不可控整流器如二极管整流器，因为在高压输出时，二极管的压降可忽略不计，对效率影响较小。

在用于电动汽车充电的无线电能传输系统中动力电池包的电压通常会在 300~400 V，此时，二极管的压降相比于电池包的电压可忽略不计，故一般选用单相整流器。常用单相整流器的主电路结构主要有全波整流电路、倍流整流电路和全桥整流电路。

全波整流电路，是一种对交流进行整流的电路。在这种整流电路中，在半个周期内，电流流过一个整流器件（比如晶体二极管），而在另一个半周内，电流流经第二个整流器件，并且两个整流器件的连接能使流经它们的电流以同一方向流过负载。全波整流前后的波形与半波整流所不同的是在全波整流中利用了交流的两个半波，这就提高了整流器的效率，并使已整电流易于平滑。因此，在整流器中广泛地应用着全波整流。在应用全波整流器时其电源变压器必须有中心抽头。无论正半周或负半周，通过负载电阻 R 的电流方向总是相同的。

与传统的变压器副边带中心抽头的全波整流电路相比，倍流整流电路有以下优点：减小了变压器副边绕组的电流有效值；变压器利用率较高，无需中心抽头，结构简单；输出电感纹波电流抵消可以减小输出电压纹波；双电感也更适合于分布式功率耗散的要求。与全波整流电路相比，倍流整流器的高频变压器的副边绕组仅需一个单一绕组，不用中心抽头；与全桥整流电路相比，倍流整流电路使用的二极管数量少一半。因此，倍流整流电路结合了全波整流电路和全桥整流电路二者的优点。当然，倍流整流电路要多使用一个输出滤波电感，结构略显复杂。但此电感的工作频率及输送电流均为全波整流电路所用电感的一半，因此可做得较小。

相比于全波和倍流整流电路，全桥整流电路其二极管承受的最大反向电压较低，而且适用于输出电压较高的场合。所以，全桥整流电路更适用于电动汽车无线充电系统。

第四章　三极管及放大电路基础

第一节　三极管

晶体三极管又称为双极性晶体管以下简称"三极管"或半导体三极管，它是电子电路中非常重要的元件，是一种利用输入电流控制输出电流的电流控制型器件，三极管最基本的特点是具有放大作用。

一、三极管基础

根据结构特点，三极管分为 NPN 型和 PNP 型两大类。以 NPN 型三极管为例，它的中间为基区，是极薄的 P 型半导体，两侧均为 N 型半导体，发射区是 N+型半导体，掺杂浓度比另一侧的集电区高。从集电区、基区、发射区所引出的电极相应地称为集电极（c）、基极（b）、发射极（e）。两块不同类型的半导体结合在一起时，其交界处会形成 PN 结，因此三极管有两个 PN 结：发射区与基区交界处的 PN 结称为发射结，集电区与基区交界处的 PN 结称为集电结。

PNP 型三极管的结构与 NPN 型三极管类似。需要注意区别两种类型三极管的电路符号，发射极箭头指向外的是 NPN 型三极管，发射极的箭头指向内的是 PNP 型三极管，发射极箭头方向与三极管放大工作时发射极电流的实际流向相同。

（一）三极管结构特点

1.3 个区

集电区、基区、发射区。

2. 两个 PN 结

集电结、发射结。

3.3 个电极

集电极（c）、基极（b）、发射极（e）。

4. 发射区

掺杂浓度最高，基区最薄且掺杂浓度最低，集电区比发射区面积大而掺杂较少。实际上，三极管的发射区和集电区是不对称的，在结构、形状、掺杂浓度等方面具有很大的不同，所以不可将发射极与集电极对调使用。

（二）三极管放大的条件

三极管有 4 种工作状态。人们需要的是晶体管的放大作用，也就是发射结正偏，集电结反偏。

以 NPN 型三极管为例，发射结正偏，发射区（N 区）电子不断向基区（P 区）扩散，形成发射极电流 I_E。进入 P 区的少部分电子与基区的空穴复合，形成电 I_B；多数电子则扩散到集电结。从基区扩散来的电子漂移进入集电结而被收集，形成 I_C。三极管中 3 个电极的电流之间应该满足节点电流定律，即 PNP 型三极管的放大原理与 NPN 型三极管基本相同。但是，由于 PNP 型三极管的发射区和集电区是 P 型半导体，而基区是 N 型半导体，所以，在由 PNP 型三极管组成的放大电路中，为了保证发射结正向偏置，集电结反向偏置，以便使三极管工作在放大区，应使 $U_C < U_B < U_E$，正好与 NPN 型三极管相反。

（三）三极管工作的 3 种组态

电路往往是四端网络，而三极管只有 3 个引脚，此时三极管必然会有某一个引脚既用作输入也用作输出。因此，三极管的 3 种组态称为共集电路、共基电路、共射电路，分别对应 3 种引脚作为输入、输出共用的情况。其中放大器的地线是电路中的共用参考点，所以三极管的这根引脚应该交流接地，一般根据接地引脚就可判断放大器的类型。3 种放大器工作的前提条件是保证电路工作在放大区，即发射结正偏，集电结反偏。

（四）三极管的输出特性

三极管为三端器件，在电路中构成四端网络，它的每对端子均有两个变量（端口电压和端口电流），因此要在平面坐标上表示三极管的伏安特性，就必须采用曲线簇。

共射极连接时，输出特性通常是指在输入电流 I_B 为一常量时，三极管的集电极与发射极之间的总电压 U_{CE} 同集电极总电流 I_C 的关系。根据外加电压的不同，整个曲线簇可划分为 4 个区：放大区、截止区、饱和区和击穿区。

1. 放大区

三极管工作在放大模式下时，其特征是发射结正偏，集电结反偏，

即 $U_{BE} \geqslant U_D$，$U_{BC} < 0$。此时特性曲线表现为近似水平的部分，而且变化均匀，表示 I_C 几乎仅取决于 I_B。在调节放大状态的时候，注意集电结上的反向偏压不要过大，否则会进入击穿区，使三极管损坏。

2. 截止区

截止区的特征是发射结小于开启电压且集电结反向偏置，即 $U_{BE} < U_D$，$U_{BC} < 0$。此时 $I_B = 0$，$I_C \approx 0$。由于三极管的各级电流基本上都等于零，所以三极管处于截止状态，没有放大作用。

3. 饱和区

三极管工作在饱和区时 $U_{BE} \geqslant U_D$，$U_{BC} > 0$，即发射结与集电结均正偏，该区域内三极管失去了放大作用，靠近纵坐标轴的区域，各条输出特性曲线的，上升部分属于三极管工作在饱和区的状态。

二、三极管的电流放大作用

三极管可以根据具体的应用需求工作在不同的工作状态下，典型的，三极管可以工作在放大状态、截止状态和饱和状态下，其中放大状态是三极管最主要的工作状态，对于小信号的放大及传递通常都是通过放大状态来实现的，因此，这里首先介绍三极管的放大状态及其工作原理，对于截止状态和饱和状态会在后面介绍。

（一）放大状态条件

三极管要进入放大状态必须满足的条件是：发射结正偏，集电结反偏。下面以 NPN 型三极管为例说明。外加电源 U_B 通过电阻 R_b 加到三极管的基极与发射极之间，此时发射结正偏，发射结的耗尽层变薄，当 U_B

足够强时，发射结耗尽层被外电场彻底抵消。在集电极与发射极之间通过电阻 R_c 施加偏置电压 U_c，只要 U_c 足够高，则可使集电极的电压高于基极的电压，集电结就处在反向偏置状态下。由于集电结反向偏置，其耗尽层被外加电场拉宽、变厚。此时三极管所处的状态就是放大状态。

（二）放大状态下载流子的运动分析

1. 发射极发射及多子的复合

在发射结正偏的情况下，发射结变薄进而消失，这有利于发射结两侧多子的扩散，于是发射区的多子电子向基区扩散，基区的多子空穴向发射区扩散；但是由于基区与发射区的掺杂浓度存在较大的差异，高掺杂的发射区扩散到基区的电子数目远大于低掺杂的基区扩散到发射区的空穴的数目。把发射区在发射结正偏情况下向基区因扩散而注入大量电子的过程称为发射极发射。基区与发射区彼此扩散到对方的多子与对方的多子相复合，但是发射区扩散到基区的电子浓度远高于基区空穴的浓度，因此扩散到基区的电子只有极少部分被基区的空穴复合掉，还剩余大量的未被复合的电子继续沿基区扩散，由于基区很薄，未被复合的电子很容易扩散到集电结一侧。

2. 集电极收集及少子的复合

由于集电结反向偏置，有利于集电结两侧少子的漂移运动，基区的少子是电子，集电区的少子是空穴，由于发射极正偏，有大量的电子扩散到基区集电结一侧，就造成基区少子不少的现象，基区的这些电子在集电结反偏电场的作用下顺利漂移到集电区，被集电区收集，这个过程就称为集电区的收集作用。由于收集作用的存在，使得发射区发射的电子可以经由基区到达集电区，从而形成贯穿发射极到集电极的电子运动。另外，基区和集电区本来就有的少子也彼此漂移并相互复合。

3. 放大状态下的电流关系分析

在发射极正偏情况下，发射区向基区扩散的电子形成的电流与基区向发射区扩散的空穴形成的电流统一称为射极电流 I_E。I_E 可以被分成两部分，一部分称为基区复合电流 I_{BN}，它包括发射区注入基区的电子中的一部分与基区的空穴复合形成的电流和由基区的空穴扩散到发射区并与发射区的电子复合形成的电流；另一部分称为收集电流 I_{CN}，它就是发射区注入基区的电子扩散到集电结并被集电区收集的电子形成的电流。把基区和集电区少子在集电结反偏情况下形成的漂移电流称为反向饱和电流 I_{CBD}，显然 I_{CBD} 的方向与 I_{CN} 一致。

三、三极管的特性曲线

三极管的特性曲线是描述三极管各个电极之间电压与电流关系的曲线，包括输入特性曲线和输出特性曲线。它们是三极管内部载流子运动规律在三极管外部的表现，反映了三极管的技术性能，是分析放大电路技术指标的重要依据。三极管的特性曲线可在晶体管图示仪上直观地显示出来，也可从手册上查到某一型号三极管的典型曲线。下面以 NPN 型三极管为例，讨论三极管共射放大电路的特性曲线。

输入信号与基极电阻 R_b、基极电源 V_{BB} 以及基极-发射极构成输入回路，集电极电阻 R_c、集电极电源 V_{CC} 以及集电极-发射极构成输出回路。发射极是输入回路与输出回路的公共端，所以该电路构成共射放大电路。三极管工作在放大状态的外部条件是发射结正偏而集电结反偏。为了对三极管性能、参数和电路进行分析和估算，必须掌握由三极管输入、输出特性曲线所描述的各极电压、电流之间的关系。

（一）输入特性曲线

三极管输入特性曲线描述了在输出管压降 U_{CE} 一定时，输入回路中基极电流 I_B 与发射结压降 U_{BE} 之间的函数关系。NPN 型三极管共射极输入特性曲线有以下特点。

（1）在输入特性曲线上有一个开启电压。

在开启电压内，U_{BE} 虽已大于零，但 I_B 几乎仍为零，只有当 U_{BE} 的值大于开启电压后，I_B 的值随 U_{BE} 的增加按指数规律增大。硅三极管的开启电压约为 0.5 V，发射结导通电压为 0.6~0.8 V；锗三极管的开启电压约为 0.2 V，发射结导通电压为 0.3~0.5 V。

（2）三条曲线分别为 $U_{CE}=0$ V，$U_{CE}=0.5$ V 和 $U_{CE}\geqslant1$ V 的情况。

当 $U_{CE}=0$ V 时，相当于集电极和发射极短路，即集电结和发射结并联，输入特性曲线和 PN 结的正向特性曲线相类似。当 $U_{CE}=1$ V 时，集电结已处在反向偏置，三极管工作在放大区，集电极收集基区扩散过来的电子，使在相同 U_{BE} 值的情况下，流向基极的电流 iB 减小，输入特性曲线随着的增大而右移。当 $U_{BE}>1$ V 以后，输入特性曲线几乎与 $U_{CE}=1$ V 时的特性曲线重合，这是因为 $U_{BE}>1$ V 后，集电极已将发射区发射过来的电子几乎全部收集走，对基区电子与空穴的复合影响不大，I_B 的改变也不明显。

因三极管工作在放大状态时，集电结要反偏，U_{BE} 必须大于 1 V，所以，只要给出 $U_{BE}=1\ V$ 时的输入特性曲线即可。

（二）输出特性曲线

三极管输出特性曲线描述了当输入回路中基极电流 I_B 一定时，集电极电流 I_c 与输出管压降 U_{CE} 之间的函数关系。当 I_B 改变时，I_c 和 U_{CE} 的关系是一组平行的曲线族，并有截止、饱和、放大三个工作区。

1. 截止区

$I_B=0$ 特性曲线以下的区域称为截止区。此时三极管的集电结处于反偏，发射结电压 $u_{BE}<0$，也是处于反偏的状态。由于 $I_B=0$，在反向饱和电流可忽略的前提下，集电极电流也近似等于 0，三极管无电流放大作用。处在截止状态下的三极管，发射结和集电结都是反偏，在电路中犹如一个断开的开关。实际的情况是：处在截止状态下的三极管，集电极有很小的电流 I_{CEO}，该电流称为三极管的穿透电流，它是在基极开路时测得的集电极–发射极间的电流，不受 I_B 的控制，但受温度的影响。

2. 放大区

三极管输出特性曲线饱和区和截止区之间的部分就是放大区。工作在放大区的三极管才具有电流放大作用。此时三极管的发射结正偏，集电结反偏。由放大区的特性曲线可见，特性曲线非常平坦，当 I_B 等量变化时，I_C 几乎也按一定比例等距离平行变化。由于 I_C 只受 I_B 控制，几乎与 U_{CE} 的大小无关，说明处在放大状态下的三极管相当于一个输出电流受 I_B 控制的受控电流源。因此，放大区又称线性区。

上述讨论的是 NPN 型三极管的特性曲线，PNP 型三极管的特性曲线是一组与 NPN 型三极管特性曲线关于原点对称的图像。

四、三极管的主要参数

（一）电流放大倍数

电流放大倍数包括三极管直流放大倍数和三极管交流放大倍数，二者近似相等，统称为三极管的放大倍数，是用来描述三极管处于放大状态时的集电极电流与基极电流的大小关系，即三极管处于放大状态时，集电极电流与基极电流的比值为直流放大倍数，集电极电流的变化量与基极电流的变化量的比值为交流放大倍数。

（二）集电极最大允许电流 I_{CM}

当集电极电流超过某一值时，电流放大倍数 β 值就要下降，I_{CM} 就是 β 下降到其正常值的 2/3 时的集电极电流。使用三极管时，集电极电流 I_C。超过 I_{CM} 三极管不一定会损坏，但 β 值会显著下降。

（三）集电极最大允许耗散功率 P_{CM} 及 I_C

三极管工作时两端压降为 U_{CE}，集电极电流为 I_C，则集电极损耗功率为 $P_C = I_C U_{CE}$，集电极消耗的电能转化为热能，使三极管的温度升高。如果温度过高，三极管的性能会严重恶化，甚至损坏，所以集电极最大耗散功率应有一定限制。在三极管输出特性曲线上，将 I_C 与 U_{CE} 的乘积等于规定值 PCM 值时的各点连接起来，可以得到一条曲线，称为集电极最大耗散功率曲线。在曲线的右上方，$I_C U_{CE} > P_{CM}$，称为过损耗区，三极管不允许工作在过损耗区。P_{CM} 不仅与三极管本身结构有关，还与外部散热条件有关，外加散热片或采取其他冷却措施可提高 P_{CM} 值。

1. 频率参数

频率参数是反映三极管电流放大能力与工作频率关系的参数，表征三极管的频率适用范围。当三极管的 β 值下降到 $\beta=1$ 时所对应的频率，称为特征频率 f_T。在 $f_\beta \sim f_T$ 的范围内，β 值与 f 几乎成线性关系，f 越高，β 越小；当工作频率 $f > f_T$ 时，三极管便失去了放大能力。

2. 极限参数

（1）最大集电极耗散功率 P_{CM}

P_{CM} 是指三极管集电结受热而引起三极管参数的变化不超过所规定的允许值时，集电极耗散的最大功率。当实际功耗 P_C 大于 P_{CM} 时，不仅使三极管的参数发生变化，甚至还会烧坏三极管。

（2）最大集电极电流 I_{CM}

当 I_c 很大时，β 值逐渐下降。一般规定，在 β 值下降到额定值的 2/3（或 1/2）时所对应的集电极电流为 Leu 实际上，当 $I_c > I_{CM}$ 时，三极管不一定损坏，但 β 值明显下降。

3. 极间反向击穿电压

三极管的某一电极开路时，另外两个电极间所允许加的最高反向电压称为极间反向击穿电压，超过此值时三极管会发生击穿现象。

五、三极管的类型、电极极性判别及检测

使用数字式万用表的二极管档测量三极管，此档位的工作电压为 2 V，可以保证晶体三极管的两个 PN 结在施加此电压后具有正向导通、反向截止的 PN 结单向导电特性。

（一）基极的判定

将数字万用表的一支表笔接在三极管的假定基极上，另一支表笔分别接触另外两个电极。如果两次测量在液晶屏上显示的数字均在 0.1~ 0.7 V 之间，则说明晶体三极管的两个 PN 结处于正向导通，此时假定的基极即为三极管的基极，另外两电极分别为集电极和发射极；如果只有一次显示 0.1~0.7 V 或一次都没有显示，则应重新假定基极再次测量，直到测出基极为止。

（二）三极管类型和材料的判定

基极确定后，红笔接基极的为 NPN 型三极管，黑笔接基极的为 PNP 型三极管；PN 结正向导通时的结压降在 0.1~0.3 V 的为锗材料三极管，结压降在 0.5~0.7 V 的为硅材料三极管。

（三）集电极和发射极的判定

用二极管档进行测量，由于晶体三极管的发射区掺杂浓度高于集电区，所以在给发射结和集电结施加正向电压时，PN 压降不一样大，其中发射结的结压降略高于集电结的结压降，由此判定发射极和集电极。

（四）三极管好坏的判定

1. 正常

在正向测量两个 PN 结时，具有正常的正向导通压降 0.1~0.7 V，反向测量时，两个 PN 结截止，显示屏上显示溢出符号 "1"，在集电极和发射极之间测量时，显示溢出符号 "1"。

2. 击穿

常见故障为集电结、发射结击穿，或集电极和发射极之间击穿，在测量时蜂鸣档会发出蜂鸣声，同时显示屏上显示的数据接近于 0。

3. 开路

常见的故障为发射结或集电结开路，在正向测量时，显示屏上会显示溢出符号"1"。

第二节　场效应晶体管

场效应晶体管（Field-Efeet Transisor，简称 FET）是利用电场效应来控制半导体中多子运动的半导体器件，简称场效应管。前面介绍的半导体晶体管是电流控制元件，即通过控制基极电流控制集电极或发射极电流。场效应管则是电压控制元件，它是利用栅源电压控制漏极电流的元件。场效应晶体管具有一般晶体管的体积小、重量轻、耗电低、寿命长等特点，而且还具有栅极基本上不取用电流、静态功耗小、输入电阻高、噪声低、热稳定性好、抗辐射能力强、制造工艺简单等优点，目前广泛应用于各种电子电路中。

场效应管按其结构的不同分为结型场效应管（JFET）和绝缘栅场效应管（MOSFET）两大类。由于晶体管参与导电的是电子和空穴两种载流子，所以称为双极型晶体管；而场效应管是靠多子导电的，因此称为单极型晶体管。

一、结型场效应管

（一）基本结构

结型场效应管有 N 沟道和 P 沟道两种结构形式。它是在一块 N 型半导体材料的两边制作两个高掺杂浓度的 P^+ 区，以形成两个 PN 结。把两个 P^+ 区连在一起并引出一个电极，称为栅极 G；在 N 型半导体上下两端各引出一个电极，分别称为漏极 D 和源极 S。两个 PN 结中间的 N 型区是载流子在漏极与源极之间通过的路径，称为导电沟道。因为导电沟道由 N 区构成，所以这种结构称为 N 沟道结型场效应管，沟道中的多子——电子参与导电。同理，在一块 P 型半导体材料的两边制作两个高掺杂浓度的 N 区，以形成两个 PN 结，将两个 N 区连在一起并引出相应的电极，则可得到 P 沟道结型场效应管，其导电沟道是由 P 区构成的，沟道中的多数载流子——空穴参与导电。

以上两种结型场效应管的工作原理相同，但二者导电方式不同，N 沟道结型场效应管是电子导电，而在 P 沟道结型场效应管中则是空穴导电，因此两管所用电源的极性和电流方向均相反。下面以 N 沟道结型场效应管为例，介绍结型场效应管的工作原理和特性曲线。

（二）工作原理

N 沟道结型场效应管工作在放大状态时，漏极 D 和源极 S 之间加正向电压 U_{DS}，栅极 G 和源极 S 之间加反向电压 U_{GS}，则在源极和漏极之间形成电流 ID。因此，栅极对于漏极是处于低电位，使 N 沟道的两侧 PN 结承受反向偏置电压。改变栅源电压 U_{GS} 的大小可以改变耗尽层的宽度，也就改变了导电沟道的宽度，其沟道电阻也随之改变，从而改变漏极电流 I_D。

可见，通过改变 U_{GS} 的大小，可以控制漏极电流 I_D 的大小，所以结型场效应管是一种电压控制器件。

1. $U_{DS} = 0$，改变 U_{GS} 时的情况

N 沟道结型场效应管未外加电压时，PN 结的耗尽区最窄，当 U_{GS} 由零向负值方向增大时，PN 结反向偏置增大，则耗尽层加宽，并向沟道中扩展，使沟道变窄，沟道电阻增大。

当 U_{GS} 负向电压方向增大到 U_{GS}（off）时，N 沟道两侧的耗尽层区向中间扩展到彼此相遇，导电沟道被全部"夹断"。

2. $U_{GS} = 0$，改变 U_{DS} 时的情况

$U_{GS} = 0$，D、S 之间加正向电压 U_{DS}。这时，将有电流由漏极经导电沟道流向源极，沿沟道产生电压降，沟道中各点的电位中漏极电位最高，从漏极到源极逐渐降低，源极电位最低。这使得沟道两侧的耗尽区从源极到漏极逐渐加宽。

二、绝缘栅场效应管

结型场效应管，由于栅极与源极间的 PN 结工作时处于反向偏置状态，所以它的栅极和源极间输入电阻较高，可以达到 10MΩ 左右。但是在有些工作条件下，还不能满足要求。如在高温环境中工作时，由于 PN 结反向电流增大，其栅极和源极之间的电阻会显著下降。另外，结型场效应管的集成化工艺也是比较复杂的，从而使结型场效应管的使用范围

受到了一定的限制，而绝缘栅场效应管可以很好地解决这些问题。

　　绝缘栅场效应管通常用二氧化硅（SiO_2）作为绝缘层，在 SiO_2 上蒸铝形成栅极，则栅极与源极、栅极与漏极之间彼此绝缘，所以这种绝缘栅场效应管又称为金属-氧化物-半导体场效应管，简称 MOS（Metal-Ox-ide-Semiconductor）场效应管。

　　绝缘栅场效应管根据导电沟道的不同，可分为 N 沟道和 P 沟道两类，而每一类又分为增强型和耗尽型两种。下面以 N 沟道增强型绝缘栅场效应管为例，介绍其基本结构、工作原理和特性曲线。

（一）基本结构

　　它用一块杂质浓度较低的 P 型硅片作衬底（B），在其中利用扩散的方法制成两个掺杂浓度较高的 N 区，分别用金属铝各引出一个电极（称为源极 S 和漏极 D），并在 P 型硅表面覆盖一层薄薄的二氧化硅（SiO_2）绝缘层，在漏极 D 和源极 S 之间的绝缘层上再制作一层金属铝，称为栅极 G。衬底 B 也接出一根引线，通常与源极 S 相连接。由于栅极与其他电极及衬底之间是绝缘的，所以称为绝缘栅场效应管。正因为栅极是绝缘的，所以 MOS 管的栅极电流几乎为零，输入电阻 R_{GS} 很高。

（二）工作原理

　　结型场效应管通过改变 U_{GS} 来控制 PN 结的阻挡层宽度，从而改变导电沟道宽度，达到控制漏极电流 I_D 的目的。而绝缘栅场效应管则利用 U_{GS} 来控制感应电荷的多少，以改变由这些感应电荷形成的导电沟道的状况，然后达到控制漏极电流 I_D 的目的。和结型场效应管一样，讨论绝缘栅场效应管的工作原理，同样是讨论栅源电压 U_{GS} 对漏极电流 I_D 的控制作用。

　　N+型漏区与N+型源区之间被P型衬底隔开，漏极和源极之间是两个背靠背的PN结。当$U_{GS}=0$时，不论漏极和源极之间所加的电压U_{DS}的极性如何，其中总有一个PN结是反向偏置的，漏极与源极之间不能形成导电沟道，管子不能导通，漏极电流$I_D=0$。

　　当$U_{GS}>0$，即栅极和源极之间加一较小的正向电压时，由于SiO_2绝缘层的存在，故栅极没有电流。但在SiO_2绝缘层中产生一个垂直于P型衬底的电场，其方向是由栅极指向P型衬底。由于SiO_2绝缘层很薄，即使所加的栅源电压很小，也能产生很高的强电场。该电场将排斥P型衬底中的多子——空穴，而吸引少子——电子到衬底与SiO_2交界的表面，形成耗尽层。这个耗尽层的宽度随电压U_{GS}的增大而加宽。当U_{GS}增大到一定数值时，衬底中的电子被栅极中的正电荷吸引到表面，形成一个N型薄层，通常称为反型层。该反型层构成源极和漏板之间的N型导电沟道。

　　由于它是由栅源电压感应产生的，又称为感生沟道。显然，随着U_{GS}的增大，电场强度增强，反型层中电子也越多，反型层越厚，导电沟道电阻也越小。

　　漏极和源极之间一旦形成导电沟道，若在漏极和源极之间加正向电压U_{DS}，则有电流由漏极经导电沟道流向源极，产生漏极电流I_D。通常，把在漏源电压U_{DS}作用下开始形成漏极电流的栅源电压U_{GS}称为开启电压U_{GS}（th）。当漏源电压U_{DS}一定时，栅源电压U_{GS}越大，导电沟道越宽，漏极电流I_D就越大。可见，它和结型场效应管一样，可以通过改变栅源电压U_{GS}来实现控制漏极电流I_D的作用。

三、特性曲线

N 沟道增强型绝缘栅场效应管的特性曲线也分为输出特性曲线和转移特性曲线。与结型场效应管相似，根据工作条件，其输出特性曲线也可分为三个区域：可变电阻区、恒流区（饱和区）和夹断区。

N 沟道耗尽型 MOS 场效应管在制造时在 SiO_2 绝缘层中掺入大量的正离子。当 $U_{GS}=0$ 时，在正离子作用下 P 型衬底表面形成反型层，漏极和源极之间就已存在导电沟道，其结构及工作原理可参阅有关资料。

第三节　三极管基本放大电路

放大电路的功能是把微弱的电信号放大成较强的电信号，扩音机就是放大电路的典型应用。扩音机输入端送入话筒的微弱电信号，经扩音机内部的放大电路将信号放大后，从输出端送出较强的电信号，驱动喇叭发出足够的声音。

放大电路必须由直流电源供电才能工作，因为放大电路输出信号功率比输入信号功率大得多，输出功率是从直流电源转化而来的。所以放大电路实质上是一种能量转换器，它将直流电能转换成交流信号电能输出给负载。

一、基本放大电路的组成

（一）电路形式

画电路图时，往往省略电源的图形符号，而用其电位的极性及数值来表示，放大电路要能对信号起放大作用。

1. 晶体管应工作在放大区内

因此要求发射结（BC 结）必须正向偏置，简称正偏；集电结（BC 结）反偏；即 $U_{BE} \geq 0.7V$，$U_{BC} < 0$。

2. 信号能输入

应当使变化的输入电压能产生变化的电流，也就是说在放大电路输入端加入输入电压 U_i，就能产生基极电流 I_B，由晶体管的电流控制作用产生集电极电流 I_C。

3. 信号能输出

要求输出回路的电流尽可能多地通过负载，产生较大的输出电压。

4. 波形基本不失真

当输入信号为正弦波时，合理选择电路参数，经过放大后，输出电压也应是基本不失真的正弦波，以满足各项放大性能指标。

（二）元件作用

直流电源 U_{BB} 和 E_C：直流电源 U_{BB} 保证晶体管的 BE 结正偏，U_{BB} 和 E_C 共同作用保证 BC 结反偏，使晶体管 T 工作在放大区，同时也是放大电路的能源。

基极偏置电阻 R_B，直流电源 U_{BB} 通过电阻 R_B 为晶体管提供合适的基极直流偏置电流 I_B，为放大电路设置合适的工作点。改变 R_B 的阻值，就能改变 I_B 的值，以控制集电极电流 I_C 的大小。

集电极负载电阻 R_C，它的作用是将放大的集电极电流信号转换为电压信号输出，使输出电压受输入电压的控制，体现放大电路的电压控制作用。

电容 C_1、C_2，称为耦合电容。电容具有"隔断直流，沟通交流"的作用。对于直流电，$\omega=0$，其容抗 X_C 为无穷大，C 相当于开路。因此，由于电容 C_1 的存在，直流信号不会传送到信号源中去；由于电容 C_2 的存在，直流信号不会传送到输出端去。

而对交流信号，一般 C_1、C_2 的值较大，电容 C_1、C_2 可视为短路，因此交流输入信号通过电容 C_1 可以送入晶体管的 BE 结，沟通了信号源与放大电路之间的信号通路。经过放大后的交流信号通过电容 C_2 传送到输出端负载上，沟通了放大电路与输出负载之间的信号通路。

（三）放大电路的电压、电流符号规定

放大电路没有输入交流信号时，三极管的各极电压和电流都为直流。当有交流信号输入时，电路的电压和电流是由直流成分和交流成分叠加而成的，为了便于区分不同的分量，通常做以下规定：

（1）直流分量用大写字母和大写下标表示，例如 I_B、I_C、V_{BE}、V_{CE}。

（2）交流分量用小写字母和小写下标表示，例如 I_b、I_c、I_e、v_{be}、v_{ce}。

（3）交直流叠加瞬时值用小写字母和大写下标表示，例如 I_B、I_C、I_E、V_{BE}、U_{CE}。

二、直流通路和交流通路

因为有直流电源 U_{CC} 的存在，电路中必然有直流电在流动，因为同

时有交流输入信号 U_i 的加入，所以电路中又有交流信号在流动，直流量和交流量共同存在。由于耦合电容的存在，直流量所流经的通路和交流量所流经的通路是不相同的。在研究电路性能时，通常将直流电源对电路的作用和输入交流信号对电路的作用分别进行讨论。

直流通路是指当输入信号为零时在直流电源作用下直流量流通的路径，称为静态电流流通的通路，用于确定电路的静态工作点。

交流通路是指在输入信号作用下交流信号流通的路径，用于分析电路的动态参数和性能。绘制放大电路的直流通路时，其原则是，将信号源视为短路，内阻保留；将电容视为开路。从直流通路可以看出，直流量是与信号源内阻 R_s 和输出负载电阻 RL 均无关的。绘制放大电路的交流通路时，其原则是：将耦合电容和旁路电容视为短路；将内阻近似为零的直流电源也视为短路（电源上不产生交流压降）。将耦合电容 C_1、C_2 和直流电压 U_{CC} 短路后，由于 U_{CC} 对地短路，所以电阻 RB 和 RC 的对应一端变成接地点了。

（四）　三种基本放大电路的比较

除了常用的共发射极放大电路外，另两种基本放大电路是共集电极和共基极放大电路，下面比较三种基本放大电路的特点。

（1）共发射极放大电路的电压、电流功率放大倍数都较大，所以应用在多级放大器的中间级。

（2）共集电极放大电路只有电流放大作用，无电压放大作用，它的输入电阻大，输出电阻小，常用作实现阻抗匹配或作为缓冲电路来使用，也可作为多级放大器的输入级和输出级。

（3）共基极放大电路主要是频率特性好，所以多用作高频放大器、高频振荡器及宽频带放大器。

三、放大电路的静态工作点

放大电路的工作状态分静态和动态两种。静态是指无交流信号输入时，电路中的电压、电流都不变的状态。动态是指放大电路有交流信号输入，电路中的电压、电流随输入信号做相应变化的状态。静态工作点 Q 是指放大电路在静态时，三极管各极电压和电流值（主要指 I_{BQ}、I_{CQ}、V_{CEQ}）。

（一）观察静态工作点对放大波形的影响

接好实验电路，放大电路输入端由信号发生器送入 1 kHz 的正弦波信号，用示波器观察放大输出电压波形。为了直观了解设置静态工作点的必要性，先将放大电路的基极电阻 Rb 取掉，让 $I_B = 0$，观察不设置静态工作点时示波器显示的输出电压波形。将 Rb 接入，再观察输出电压波形。

实验现象显示：不加偏置时，将输入信号源幅度调至 0.6 V，这时输出电压波形只有正弦波的下半部分，出现了严重失真。接入 Rb 使电路有合适的静态工作点后，就能输出不失真的放大信号。

（二）不设置静态工作点，波形产生失真的原因

当放大电路的基极偏置电阻开路时，$I_B = 0$，静态工作点在三极管输入特性曲线的原点 O 上。如果输入正弦波信号 v_i，在 v_i 的正半周，发射结处于正向偏置，当正向电压大于三极管的死区电压 Vr 时，才产生基极

电流 I_n；在 U 的负半周，由于发射结处于反向偏置，基极电流 $I_b = 0$。所以不设置静态工作点时的基极电流变化，I_b 不随 v_i 变化，产生了严重的失真，被放大的输出电流 I_c、输出电压 v_{ce} 也产生了严重失真。

若设置了合适的静态工作点，三极管就有一定的基极电流 I_{BQ} 和电压 V_{CEQ}。加入交流信号时，三极管发射结始终处于线性区域，I_b 能跟随 v_i 不失真的变化，因此被放大的输出电流 I_c、电压 v_{ce} 也能不失真地被放大输出。

四、多级放大电路与放大电路的频率特性

用单个晶体管或场效应管组成的基本放大电路称为一级放大电路。如前所述，单级放大电路带上负载后，电压放大倍数只有几十倍到上百倍。但很多的电子电路，需要把毫伏级或微伏级的输入信号或检测信号放大到足够的电压或电流值后才能推动负载工作。因此需要进行多级放大后才能满足要求。用多个单级放大电路串联起来组成的放大电路称为多级放大电路。输入级接收信号源的信号并进行放大；中间级主要起电压或电流放大作用；输出级由推动级和功率放大级组成，对输出级要求有较大的输出功率，以推动负载工作。

（一）级间耦合方式

多级放大电路中级与级之间的连接方式称为耦合。根据放大电路的功能，常用的耦合方式有阻容耦合、直接耦合和变压器耦合三种方式。

1. 阻容耦合

前、后级之间通过耦合电容和后级输入电阻进行连接的方式称为阻

容耦合。这种耦合方式由于电容的存在，前、后级的静态工作点是彼此独立的。它主要用于交流放大电路，不能用于直流放大电路。

2. 直接耦合

前级的输出端直接与后级的输入端相连，这种连接方式称为直接耦合。直接耦合放大电路中各级静态工作点互相影响，同时还存在零点漂移。直接耦合放大电路可用于放大直流信号、交流信号以及变化缓慢的信号。

3. 变压器耦合

级与级之间采用变压器原、副边进行连接的方式称为变压器耦合。由于变压器原、副边在电路上彼此独立，因此这种放大电路的静态工作点也是彼此独立的。根据电工技术可知，变压器具有阻抗变换的特点，可以起到前后级之间的阻抗匹配。变压器耦合放大电路主要用于功率放大电路。除上述方式外，在信号电路中还有光电耦合方式，用于提高电路的抗干扰能力。

不管采用哪种耦合方式，对耦合电路的基本要求是：

（1）被放大的信号通过耦合电路损失要少，即信号畅通无阻，要放大的信号能顺利地由前一级传送到后一级。阻容耦合方式中的耦合电容容量较大，就是希望容抗尽可能小，使放大信号损失少。

（2）信号通过耦合电路波形基本不产生失真。

（3）静态工作点不受影响。

（二）多级放大电路的动态分析

1. 电压放大倍数

在多级放大电路中，求解前一级的电压放大倍数时，应当把后一级的输入电阻作为前一级的实际负载电阻来考虑。同样，对于后级放大电路而言，应把前一级放大电路的输出电阻作为后一级的信号源内阻来处理。

2. 输入电阻和输出电阻

多级放大电路的输入电阻就是输入级的输入电阻。输出电阻就是最后一级的输出电阻。在具体计算时要考虑后级对输入电阻的影响以及第一级对输出电阻的影响，尤其是有射极输出器电路形式存在时，计算输入、输出电阻时要特别引起注意。

（三）放大电路的频率特性

前面讨论过的放大电路的输入信号是限于单一频率的信号。实际上，放大电路的输入信号多数并不是单一频率的信号，如电台广播的语言和音乐信号。电视中的图像和伴音信号，以及仪表的测量信号等，均含有各种频率的正弦波，频率范围为几 Hz 至几百 Hz，放大电路对不同频率信号的响应是不同的。

在交流阻容耦合放大电路中，由于存在耦合电容且容量较大，对于频率足够高的信号来说电容相当于短路，信号能顺利通过，构成了高通电路。当频率很低时，其容抗不可再忽略，构成了低通电路。信号在容抗上会产生压降，电压放大倍数将下降，同时 RC 电路也将产生相位移。

又由于晶体管的发射结和集电结均存在极间电容 C_{be} 和 C_{be}，其值较小，一般 C_{be} 为几皮法，C_{be} 为几十至几百皮法。由于容抗是频率的函数，在不同频率信号作用下，就有不同的响应。当频率很低时，极间电容的容抗很大，可视为开路，对低频段无影响。而高频段时，其容抗不能忽略，信号在容抗上将产生压降，电压放大倍数会下降，同样也会产生相位移。

在放大电路中，电压放大倍数 A_u 与频率 f 之间的关系称为幅频特性；输出电压相对于输入电压的相位移 φ 与频率 f 之间的关系称为相频特性。幅频特性和相频特性统称为放大电路的频率特性。

五、差动放大电路

在一些测量仪表和自动控制系统里，有些物理量，如温度、速度、流量、压力、光通量等，它们需要通过不同类型的传感器将相应的物理量变换成电信号，再经过放大去推动执行机构。而这些转换后的电信号，往往是随时间变化极为缓慢的，通常把这类电信号称为直流信号。由于电容具有隔断直流、沟通交流的作用，因此要放大直流信号，只能采用级间直接耦合的方式。这种直接耦合方式的放大器就称为直接耦合放大电路或称直流放大器。

（一）直接耦合放大电路及其特殊问题

直接耦合放大电路有两个主要问题需要引起特别注意：一是前、后级的静态工作点互相影响，二是电路存在零点漂移现象。

1. 前、后级静态工作点的互相影响

前级的集电极电位 U_{C1} 就等于后级的基极电位 U_{B2}，即 $U_{C1} = U_{B2}$。而

电阻 R_{C1} 既是 T_1 的集电极负载电阻，又是 T_2 的基极偏置电阻。

2. 直接耦合放大电路的零点漂移现象及其产生原因

在直接耦合放大电路中，如果将输入端短路（$U_i = 0$），在用灵敏的直流电压表测量输出端的电压时，其输出电压 U_o 理应保持不变（注意不一定为零），但实际上输出电压并不保持恒定值，而是在 U_o 值的基础发生上下缓慢的、无规则的变化。这种输入电压 U_i 为零而输出电压 U_o 在 U_o 值上缓慢变化的现象，就称为零点漂移现象，简称为零漂。

在放大电路中，任何元器件参数的变化，如晶体管的参数（I_{CBO}、I_{CEO}、β）随温度的变化，以及电源电压的波动等，都将使输出电压产生漂移。在阻容耦合放大电路中，由于耦合电容的存在，这种缓慢变化的漂移电压都降落在耦合电容上，不会被传送到下一级逐级进行放大。而在多级直接耦合放大电路中，第一级的零漂影响最为严重，它会被逐级进行放大，以致在输出端难以区别有用的放大信号和漂移电压，使放大电路不能正常工作。因此，必须采取措施抑制零漂。克服零漂可以采用温度补偿的方法，而最常用的方法是采用差动放大电路。

3. 差动放大电路的输入输出方式

差动放大电路有两个输入端和两个输出端，因此该电路的输入输出方式共有四种。在这四种输入输出方式中，双端输入双端输出方式为浮地形式的输入输出方式。在要求对地输入的场合下，就只能采用单端对地的输入方式；而要求对地输出时，则只能采用单端对地输出的方式。不过输出方式可以采用 T_1 的集电极对地输出的方式，这时输入与输出信号是反相位的。

六、互补对称功率放大电路

功率放大电路在多级放大电路中处于最后一级，又称为功率输出级。其任务是能够向负载输出足够大的信号功率，以驱动诸如扬声器、记录仪以及伺服电机等功率负载。

功率放大电路与小信号前置电压放大电路在本质上没有根本区别，都具有能量控制和转换的功能，但各自完成的任务是不同的。电压放大电路的任务是将信号不失真地放大，输出足够高的电压，电压放大倍数是主要参数。功率放大电路要求在电源电压确定的情况下，有尽可能大的输出功率。因此，功率放大电路的组成、工作状态、分析方法和研究的内容都有明显的特点。

（一）功率放大电路的特点和分类

1. 功率放大电路的特点

功率放大电路的主要任务是向负载提供较大的信号功率，它主要具有下列特点：

（1）要有尽可能大的不失真输出功率。要求输出信号的电压和电流的幅值均较大，故管子工作在极限应用状态。在选择功放管时要特别注意集电极最大允许电流 I_{CM}、管压降最大值 U_{CEO}、最大耗散功率 P_{CM} 等极限参数的选择，以确保管子安全工作。

（2）效率要高。功率放大电路的最大不失真输出功率与电源所提供的功率之比称为效率，用 η 表示。P_o 是信号输出功率；P_E 是直流电源向电路提供的功率，其值等于电源输出电流的平均值与电压之积。在一定的输出功率下，减小直流电源的功率，则电路的效率 η 就高。

（3）功率放大电路的性能指标以分析功率为主，主要是输出功率 P_o、最大不失真输出功率 P_{OM}、直流电源提供的功率 P_E、功放管耗散功率 P_V 和效率 η。

（4）功率放大电路处于大信号极限工作状态，分析时只能采用图解法，而不能采用小信号的微变等效电路法来分析、计算。

（5）功率放大电路的输出功率大，要注意对功放管的散热和保护，使用时要给它安装合适的散热片。

2. 功率放大电路的分类

功率放大电路按静态工作点在负载线上的不同位置，可以分为甲类、甲乙类和乙类等几种类型。

电路的静态工作点 Q 位于负载线的中点，这种功率放大电路称为甲类功放电路。当输入交流信号 $U_i = 0$ 时，直流电源仍提供有 I_{CQ} 和 U_{CEQ} 的电流、电压值。这时电源提供的功率 P_E 全部消耗在管子和电阻上。当有交流输入信号 U_i 加入时，产生交流电流 I_c、交流电压 U_e，两者的乘积即为输出功率。即使在理想情况下，甲类功率放大电路的效率 η 也只有 50%，这时电压、电流均处于放大区而不失真。

第五章　常用放大器

第一节　集成运算放大器概述

一、集成运放的结构特点

集成运放是一种高电压放大倍数、高输入电阻和低输出电阻的多级直接耦合放大电路，简称集成运放，它是模拟集成电路中的一种。集成运放的主要特点有 4 个。

（1）集成运放中制造管子容易，所占面积也小，但制造大电容困难，而且所占面积也大。对于几十皮法以下的小电容一般用 PN 结的结电容来代替。所以集成运放采用直接耦合的放大电路组成。

（2）元器件对称性好。因为各元器件在相同条件下在同一基片上同时做出，所以元器件的参数均相同，特性也相同。

（3）集成运放中几十千欧以上的大电阻通常采用晶体管或场效应管组成的恒流源的有源负载代替。集成运放中的大电阻、大电容也采用外接方式，以减小占用基片面积，提高集成度。

（4）集成运放中用作温度补偿的二极管都是利用三极管的发射结（BE 结），其温度补偿效果较佳。

二、集成运放的组成及各部分的作用

（一）集成运放的组成

集成运放是一个高电压放大倍数的多级直接耦合放大电路。它可以分为 4 个组成部分，即差动输入级、中间电压放大级、输出级和偏置电路。

对于设计者来说，需要详细掌握电路内部的结构组成及工作原理。但对于使用者来说，不必详细掌握电路内部结构，只要掌握各引脚功能和电路外部特性与参数并能正确选用即可。下面主要介绍集成运放各部分的作用。

（二）集成运放各部分的作用

1. 输入级

集成运放的输入级一般都是采用恒流源差动放大电路，它可以减小零漂，增大输入电阻，提高共模抑制比 K_{CMR}。

2. 中间级

中间级采用恒流源有源负载的共射放大电路的结构形式，其目的主要是提高电压放大倍数 A_{u} 增大输出电压。

3. 输出级

要求集成运放输出级的输出电压幅度要大，输出功率大，效率高，输出电阻 R_{o} 的值较低。一般集成运放的输出级采用准互补对称功率放大电路，以提高输出功率并减小非线性失真。

4. 偏置电路

集成运放的偏置电路采用电流源电路形式。偏置电路的作用是为输入级、中间电压放大级和输出级提供静态偏流，建立合适的静态工作点。组成偏置电路，为各级提供偏流。

三、放大电路中的负反馈

在自然科学与社会科学的许多领域里，均存在着反馈的应用例子。在日常生活中，也有许多反馈的例子。例如人们每天都要用水，当水太热时加入凉水可使之变凉，水太凉时加入热水可使之温度升高；又如房间里温度的调节，温度太高时可用空调通入冷气使之降温到合适的温度，当温度太低时可通入热气使温度升高到合适的温度等。这些都是日常生活中的反馈现象。

（一）反馈的概念

1. 什么是反馈

在电子电路中，将放大电路中的输出量（可以是电压也可以是电流）的一部分或全部按一定的方式并通过一定的电路（即反馈网络或反馈支路）送回到输入回路来影响输入量（电压或电流），这种电量的反送过程就称为反馈。

2. 正反馈与负反馈

根据引入反馈的极性，反馈可分为正反馈和负反馈。若引入反馈后，放大电路的净输入量增大，这种反馈形式称为正反馈；若引入反馈后，放大电路的净输入量减小，这种反馈形式称为负反馈。

（二）负反馈的基本类型

由反馈的定义可知，反馈是将输出量的一部分或全部送回到输入端。因此在输出端取样的对象可以是输出电压也可以是输出电流，故从输出端看有电压反馈和电流反馈之分。反馈量送回到输入端，可以与输入量串联，也可以与输入量并联，故从输入端看有串联反馈和并联反馈之分。因此反馈的基本类型有电压串联、电压并联和电流串联、电流并联反馈四种方式。下面分别具体介绍这四种形式的负反馈电路。

1. 电压串联负反馈

输入信号 U_i 经过电阻 R 加到运放的同相端。运放的反相端通过电阻 R_1 接地。运放的输出端与反相端之间跨接了反馈电阻 R_f。

在电路中，基本放大器由集成运放构成。R_f 是连接电路输入端与输出端的反馈元件。R_f 和 R_1 组成反馈网络。反馈元件 R_f 并没有与输入信号 U_i 在一点相连，信号源输入电压 U_i、运放的净输入电压 U_d 和反馈网络的输出信号 U_f 在同一个回路中进行比较，因而是串联负反馈。

（1）电路有无反馈的判断

主要看是否有联系输出与输入的通路（也称支路或网络）。

（2）电压反馈与电流反馈的判断

若在电路的输出端对输出电压取样，通过反馈网络得到反馈信号，然后送回到输入端与输入信号进行比较，这种反馈方式称为电压反馈。电压反馈中反馈量与放大电路的输出电压成正比。若电路中输出端的取样对象为输出电流，反馈量与输出电流成正比，这种反馈方式称为电流反馈。

判断是电压反馈还是电流反馈时，可假设负反馈放大电路的输出电压为零，若反馈量也变为零，则表明电路中引入的是电压反馈；若令输出电压为零后，其反馈量依然存在，则表明电路中引入的是电流反馈。这种方法也称为输出短路法。

（3）串联反馈与并联反馈的判断

串、并联反馈主要看放大电路的输入回路和反馈网络的连接方式。当反馈网络输出的反馈信号与输入回路中的输入信号在同一结点引入时，是并联反馈；当反馈信号与输入信号不在同一结点引入时，为串联反馈。

（4）反馈极性（正、负反馈）的判断

按反馈对净输入信号的影响，可分为正反馈和负反馈。通常采用瞬时极性来进行判断。判断的方法是：先假设在放大电路的输入端加入一个在某一瞬时对地为正或负的输入信号，然后按放大电路的基本组态逐级判断电路中各相关点的电流流向或各点的电位极性，直至输出信号的极性。由输出信号的极性再确定反馈信号的极性，最后比较反馈信号与输入信号的极性，确定对净输入信号的影响。若使净输入信号减小，则为负反馈；反之，若使净输入信号增大，则为正反馈。这种方法通常也称为瞬时极性法。

应当注意，在共射放大电路中，基极与集电极的信号反极性，基极与发射极的信号同极性。共集与共基电路具有跟随作用，输入与输出信号是同极性的。而在集成运放电路中，同相输入端的输入信号与输出信号是同相位的，反相输入端的输入信号与输出信号是反相位的。据此可以判得各点电位的高低，并能确定相关支路的电流流向。

（5）直流反馈与交流反馈的判断

如果反馈量只含有直流量，则为直流反馈，表明反馈网络元件上并联有电容，反馈元件上只能通过直流量，是直流反馈。如果反馈量只含有交流量，则为交流反馈，表明反馈支路上串联有电容，反馈支路上只能通过交流量，是交流反馈。如果反馈网络或支路上既没有串联电容又没有并联电容，可以同时通过直流和交流，就为交直流反馈。直流负反馈可以稳定电路的静态工作点，交流负反馈可以改善放大电路的动态性能。

第二节　功率放大器

功率放大器是组成射频以及微波系统的重要仪器，其作用是将输入信号在要求频带上进行放大，使其输出功率达到要求的等级水平。功率放大器与小信号放大器是有区别的，小信号放大器通常用增益、驻波以及信噪比等参数作为其控制指标，而功率放大器则以输出功率作为其控制指标。

除此之外，小信号放大器通常工作在线性区域，一般采用与 S 参数相关的线性方法进行设计。对功率放大器而言，输出功率和效率是最主要的指标参数。功率放大器也有 4 个相同的模块，主、备各 2 个，分别安装在功率合成母板的 X11 ~ X14 插座上。

一、工作模式

（一）供电

功率放大器的供电来自调制驱动器的输出，从功率放大器模块插座的 1/2/3/4 端输入。

（二）射频输入

功率放大器的射频激励信号来自前级网络，经主、备模块切换继电器 K5、K11 切换，从功率放大器模块插座的 23/24/25/26 端输入。

（三）射频输出

射频激励信号在功率放大器中实现放大、调制后，射频已调波信号从功率放大器模块插座的 43/44/45/46 和 49/50/51/52 端输出，经主、备模块切换继电器 K3、K9 切换，送到功率合成变压器 T3 的初级进行合成（电压合成方式），经变压器耦合后送到发射机的输出网络。

二、功率放大器的性能指标

（一）线性输出功率（1dB 压缩点）

在小信号区域，放大器的输出和输入关系为线性关系。在输入功率逐渐增加时，输出功率趋于非线性区。1dB 压缩点的定义是：放大器的增益低于小信号增益 1dB 时的输出功率，或者说被压缩 1dB 时的输出功率。

当输入功率再次增加时，输出功率被继续压缩，3dB 压缩点之后，放大器的输出呈饱和趋势。这个时候如果继续增加输入功率，则输出功率不会改变。通常一个放大器的线性区与非线性区的分界点即为 1dB 压缩点。功率放大器在被压缩 ldB 的输出条件下，可以测得很多指标，例如，增益、谐波和杂散。

（二）增益

增益的具体表示形式有三种：工作功率增益（G_p）、资用功率增益（G_A）、转换功率增益（G_L）。

在实际应用中，通常使用的是工作功率增益。在增益测试过程中，只要测试放大器的输入端功率以及负载损耗的功率，就可以计算得到放大器的增益。

在功率放大器的产品手册中，通常有"小信号增益"和"线性增益"的指标。就 A 类放大器而言，小信号增益的测试条件是低于 1dB 压缩点的 10dB，但是 AB 类或者 C 类放大器则是低于额定功率 10dB。为准确测试放大器的小信号增益可以使用网络分析仪。在 ldB 压缩点处可以测试线性增益，它更能反映功率放大器的实际工作情况。

（三）输入/输出隔离和（有源）方向性

反向加到输出端的功率与从输入端所测的功率之比定义为放大器的输入/输出隔离度，又称为反向增益。隔离度与正向增益的差值定义为方向性。

隔离度和方向性可以用来表征源和负载的隔离情况、放大器的负载阻抗对输入阻抗的影响，以及信号源阻抗对输出阻抗的影响。方向性越大，隔离越大，即源和负载之间的影响越小。

（四）谐波和杂散

频率等于工作频率整数倍的无用信号定义为放大器的谐波，其他的无用信号则定义为杂散。除了互调以外，放大器是不会产生其他无用信号的，除非工作不稳定情况下放大器产生了自激。放大器的谐波和杂散都用 dBc 表示，即低于载频的分贝值。

发射系统产生杂散干扰的重要原因就是功率放大器的谐波和杂散。因为谐波远离载频，所以滤波器可以将其滤除；杂散则需要寻找其来源，因为杂散信号有时会靠近载频。同时进入放大器输入端的载频有两个以上时会产生互调，当放大器的输出端有干扰信号进入放大器时，放大器也会产生互调。

（五）互调失真

当输入信号中含有两个以上频率分量时，非线性电路所产生的失真称为互调失真（IMD）。放大器互调失真通常指的是二载频条件下的三阶互调失真。

（六）三次截获点

当两个载频信号同时进入放大器的输入端时，放大器会在输出端产生互调。

（七）电压驻波比

和其他射频和微波器件一样，入射电压和反射电压之比定义为放大器的电压驻波比 VSWR。与无源器件相比，功率放大器的 VSWR 测试和分析较为复杂。放大器的小信号输入 VSWR 比较容易测试，用网络分析仪测试即可。而要想测试放大器的输出 VSWR 就比较困难了，尤其是在大信号条件下。对于功率放大器而言，输出 VSWR 关系到放大器工作的稳定性和效率，是一项非常重要的指标。

在窄带功率放大器中，在输出端经常见到接有一个铁氧体环流器。环流器是一种各向异性的无源器件，所以当放大器装有环流器时，从其输出端看向放大器，不管大信号还是小信号，其 VSWR 都是较为理想的。这种方法实际上"掩盖"了放大器真正的输出 VSWR，如果将放大器的输出 VSWR 调至理想的状态之后再加装环流器，那么对提高放大器的工作效率和稳定性是很有帮助的。

（八）效率

在放大器的设计过程中，首先考虑稳定工作，然后是效率。放大器效率越高，意味着稳定性越好，进而可靠性越高。效率用 0% ~ 100% 的百分比表示，有两种含义：直流效率以及功率提升效率。

三、典型产品参数

工作频率范围、功率增益、输出功率等是天线罩测试系统对功率放大器的主要技术要求。频段越宽越方便测试，但技术指标不好满足。可根据被测件的频率范围确定功率放大器的工作频率，如 2 ~ 18GHz、18 ~ 26.5GHz 和 26.5 ~ 40GHz。通常增益有 20 ~ 30dB 就可以了，假定输出功率电平为 10dBm 的信号源直接馈入功率放大器，则功率放大器的输出功率为 30~40dBm。该电平不能超过 1dB 压缩点的功率电平值，否则放大器就会进入非线性工作区段。此值最好根据信号源的输出功率来确定，如在 26.5 ~ 40GHz 频段内，输出功率为 8dBm 的信号源，功率放大器的 1dB 压缩点的功率电平值应为 28dBm（功率放大器增益为 20dB）。

第三节　正弦波振荡电路

信号产生电路又称为振荡电路，这是一种不需要输入信号，就能够产生特定频率、特定波形（正弦波、矩形波和锯齿波等）输出的电路。信号产生电路在无线通信、广播电视、测量技术、电子工程和工业生产中得到了广泛应用。

一、正弦波振荡的基本概念

（一）自激振荡现象

日常生活中，有许多自激振荡现象，如扩音系统在使用中，当将送话器靠近扬声器时，扬声器会发出刺耳的啸叫声，这就是自激振荡造成的。

扬声器发出的声音传入送话器，送话器将声音转换为电信号，送给扩音机放大，再由扬声器将放大了的电信号转换为声音，声音又返送回送话器……如此反复循环，形成正反馈，于是产生自激振荡啸叫。显然，自激振荡是扩音系统应该避免的，而正弦波产生电路正是利用自激振荡的原理来产生正弦波的。

（二）振荡电路起振过程

振荡电路没有输入信号，反馈信号就代替了输入信号。在接通电源的瞬间，随着电源电压由零开始的突然增大，电路受到扰动，相当于产生一个微弱的扰动电压。这个扰动电压的频率分布范围很宽，其中有所需要的频率f_0。频率f_0经放大器放大，正反馈，再放大，再反馈……如此反复循环。如果信号的后一次反馈比前一次反馈的幅度更大，则输出信号中f_0的幅度将很快增大，而扰动电压中的其他频率成分会很快衰减为零。

那么，振荡电路在起振以后，振荡的幅度会不会无休止地增长下去了呢？这就需要增加稳幅环节，当振荡电路的输出达到一定幅度后，稳幅环节就会使输出减小，维持一个相对稳定的振荡幅度。也就是说，在振荡建立的初期，必须使后一次反馈信号大，于前一次的反馈信号，反馈信号一次比一次大，才能使振荡幅度逐渐增大；当振荡建立后，还必须使后一次的反馈信号等于前一次的反馈信号，从而使建立的振荡信号幅度得以稳定。

二、正弦波振荡电路的组成

从上面分析可知，正弦波振荡电路一定包含放大电路和正反馈网络两部分，其中，选频网络决定振荡频率，它可与基本放大电路结合在一起，称为选频放大电路；或与反馈网络结合在一起，称为选频反馈网络。反馈必须是正反馈。此外为了得到单一频率的正弦波振荡，并且使振荡电路稳定，电路中还应包含选频网络和稳幅环节。即正弦波振荡电路应有下述四大基本组成部分。

（一）放大电路

放大电路的作用是放大微小的信号，它对信号放大的能力由$|A_u|$来反映。常用的放大电路有共射极放大电路、差动放大电路和集成运算

放大电路等。

（二）反馈网络

反馈网络的作用是提供反馈信号，反馈信号的大小由反馈系数 F 来决定，并保证在某频率上引入正反馈。

（三）选频网络

为了获得单一频率正弦波振荡，必须有选频网络。其功能是从很宽的频谱信号中选择出单一频率的信号通过选频网络，而将其他频率的信号进行衰减。常用的有 RC 选频网络、LC 选频网络和石英晶体选频网络等。选频网络可以单独存在，也可以和放大电路或反馈网络结合在一起。

（四）稳幅环节

稳幅环节的作用是稳定振荡的幅度和抑制振荡中产生的谐波，在信号较小时使电路幅度满足起振振荡条件，而幅度达到输出要求时自动满足稳定振荡条件。要求较高的振荡电路中需要外加专门的稳幅电路，而一般电路中是靠放大电路中元件的非线性来实现的，即放大电路也承担着稳幅电路的作用，不必专用稳幅的电路环节。

三、正弦波振荡电路类型

根据选频网络组成元器件的不同，正弦波振荡电路通常分为 RC 振荡电路、LC 振荡电路和石英晶体振荡电路。低频采用 RC 振荡，高频采用 LC 振荡和石英晶体振荡。

（一）RC 振荡电路

选频网络由 RC 元件组成。根据选频网络的结构和 RC 的连接形式不同，又分为桥式（RC 串并网络）、移相式和双 T 式 3 种常用的 RC 振荡电路。RC 振荡电路的工作频率较低，一般为零点几赫至几兆赫，它们的直接输出功率较小，常用于低频电子设备中。

（二）LC 振荡电路

选频网络由 LC 元件组成。根据选频网络的结构和 LC 的连接形式不同，又分为变压器反馈式、电感三点式和电容三点式 3 种常用的 LC 振荡电路。LC 振荡电路的工作频率较高，一般在几十千赫以上，它们可以直接给出较大的输出功率，常用于高频电子电路或设备中。

（三）石英晶体振荡电路

选频作用主要依靠石英晶体谐振来完成。根据石英晶体的工作状态和连接形式不同，可以分为并联式和串联式两种石英晶体振荡电路。石英晶体振荡电路的工作频率一般在几十千赫以上，它的频率稳定度较高，多用于时基电路和测量设备中。

第四节　高频信号处理电路

一、有关概念及基本单元电路

（一）无线电波的概念

变化的电场周围产生变化的磁场，变化的磁场又在周围产生变化的电场，变化的电场还将在周围更远的空间产生变化的磁场，这样磁场和电磁不断地相互交替产生，把电磁场向四周空间传播开来，形成电磁波。

无线电波是电磁波的一种。

（二）无线电波的传播

无线电波的传播途径有地面波、天波、空间波。地面波是沿地球表面进行传播，天波是利用天空中电离层的反射而进行传播，空间波是电磁波由发射天线直接辐射到接收天线。

（三）无线电广播的实质

无线电广播的实质是声—电—声的转换过程。发射端将声音信号转变成为电信号经过调制放大后用天线发射出来；接收端用天线接收到信号经过解调放大后，用喇叭还原出声音。

（四）调制

用低频信号去控制高频信号的过程称为调制。低频信号称为调制信号，高频信号称为载波，经调制后输出的信号称为已调信号。调制的方式有调幅、调频、调相。

（五）解调

从已调制的高频信号中还原出低频信号的过程称为解调。解调的方式有检波、鉴频、鉴相。

（六）调幅

用低频信号去控制高频信号幅度的过程称为调幅。调幅波的特点是频率与载波的频率一致，包络线波形与调制信号波形一致。通常利用二极管或三极管的非线性特点进行调幅。调幅波分为长波、中波、短波。调幅广播的带宽为 10 kHz。

（七）检波

从高频调幅波中检出低频信号的过程为检波，检出来的低频信号的频率和形状都与高频调幅波的包络线一致。检波电路的核心器件是二极管或三极管。

（八）调频

用低频信号去控制高频信号频率的过程称为调频。调频波的特点是幅度与载波的幅度一致；频率随调制信号的波形变化而发生变化，信号幅度越小，频率越小。调频广播的范围是 87 ~ 108 MHz。调频广^播的带宽为 200 kHz。

（九）鉴频

鉴频是从高频调频波中解调出原来调制信号的过程。

对称比例鉴频器是一种典型的鉴频器，其输出电压 $u_。$ 与比值 u_{VD}/u_{VD2} 有关，故称对称比例鉴频器。

二、超外差收音机

（一）超外差收音机组成

晶体管超外差式收音机由输入回路、变频级、中频放大级、检波级、AGC 电路、前置低频放大器和功放等电路组成。

把分散在各个频率点的电台信号，在收音机里变成一个固定的频率（这个频率称中频）信号，这个固定中频信号是 465 kHz。完成这个频率变换功能的电路称为变频级，它由混频和本振两部分组成。

（二）超外差收音机工作原理

输入电路从接收天线收到的许多广播电台发射的高频调幅波信号中选出所需接收的电台信号，将它送入变频电路，产生固定的 465 kHz 中频信号，再送到中频放大电路放大，将放大后的中频信号送到检波器，还原成音频信号，再送到前置低频放大和功率放大后送到扬声器还原成声音。

三、混频器

混频器是把 RF 输入信号的频率混频成频谱分析仪能够滤波、放大和检波的频率范围。混频器除了接收 RF 输入信号之外，还接收频谱分析仪内部产生的本振信号。混频器是一个非线性器件，这意味着混频器的输出不仅包括输入信号频率和本振信号频率，还包含输入信号频率和本振信号的和频与差频。

混频技术广泛应用于无线电广播、电视、通信及频率合成器、频谱分析仪等电子测量仪器设备中。例如，在接收较宽频带的高频已调波信号时，由于工作频率范围大，接收机增益受频率影响也较大（频率越高，增益越小）。采用混频技术，将宽带高频已调波信号转换为固定中频的已调波信号，使频段内放大信号的一致性好，灵敏度可以做得较高，简化信号接收系统的电路、提高设备的稳定性。

混频器、振幅调制器、检波器都是频谱的线性搬移电路，只是频谱搬移的位置不同，其功能完全不同。从电路结构来看，这三种电路都是三端口网络（两个输入端、一个输出端），可以用同样形式的实现，只是输入、输出信号不同而选用不同的输入、输出回路。以 DSB 信号为例，它的调制、检波、混频电路都可以用乘法器与滤波器的级联实现。DSB 信号的调制，送入乘法器的输入信号是低频的调制信号和高频载波信号，滤波器是以载频为中心频率的带通滤波器，系统输出为 DSB 信号；DSB 信号的检波，送入乘法器的输入信号是高频的 DSB 信号和高频本地载波信号，滤波器是低通滤波器，系统输出为恢复的低频调制信号；DSB 信号的混频，送入乘法器的输入信号是高频 DSB 信号和本地振荡信号，滤波器是以中频为中心频率的带通滤波器，系统输出为以中频为载频的 DSB 信号。

用调制信号去控制高频载波信号的幅度，这一过程即为振幅调制。根据已调振幅波频谱结构的不同，可分为普通调幅波、抑制载波的双边带调幅波、单边带调幅波。它们的数学表达式波形、频谱各有不同的形式，因而产生与解调的电路也不同。普通调幅波的包络随调制信号变化，且变化规律与调制信号的波形一致，其频谱包含载波、上边频和下边频，可直接由高电平调幅电路产生或低电平调幅电路产生，用大信号二极管包络检波器实现解调。

抑制载波的双边带调幅波的包络与调制信号的模值成比例，其频谱只包含上边频和下边频，可直接由具备乘法运算功能的电路（例如二极管平衡调幅电路、二极管环形调幅电路等低电平调幅电路）产生，只能采用同步检波器进行解调。

单边带调幅波的包络不能体现调制信号的变化规律，其频谱仅含一个变频，可以采用滤波法或移相法产生，采用同步检波的方式进行解调。大信号二极管包络检波电路可能会出现惰性失真、负峰切割失真及频率失真，需合理选择电路元件。无论是乘积型还是叠加型的同步检波，其关键都是要产生一个与已调波的载波同频并保持同步变化的本地载波信号。混频器的基本功能是在保持调制类型和调制参数不变的情况下，将高频已调波的载波频率由 f_c 变换为固定的中频频率 f_1。因此，混频电路也是典型的频谱线性迁移电路，例如二极管平衡混频电路、二极管环形混频电路、乘法器混频电路等。混频器主要包含如下几种类型的性能指标。

（一）混频增益

混频器输出中频电压振幅 U_{Im} 和输入高频信号电压振幅 U_{sm} 的比就是混频增益，常以分贝加以表示。为了使接收设备的中频信号比无用信号相差较多，用以有效提升其接收灵敏度，混频增益应越大越好。

（二）选择性

因为混频器的输出电流中包括不少频率分量，但在众多频率分量中只有一个是所需的，所以要求选频网络应具备较好的选择性，即回路应当拥有理想的谐振曲线（矩形系数接近于 1）。

（三）失真与干扰

假如混频输出中频信号和输入信号的频谱结构有所区别，就代表出现了失真。另外，混频器还会有很多不必需的组合频率分量出现，这部分频率分量会干扰接收机的正常工作。基于此，干扰和失真越小越好。

（四）阻抗匹配

混频器输入端的阻抗应和高频放大器输出端的阻抗彼此匹配，并且它的输出端阻抗还应和中频放大电路输入端阻抗相匹配，从而有效提升传输的效率。

（五）噪声系数

噪声系数是输入信噪比和输出信噪比两者之间的比值。前者是输入信号功率和输入的噪声功率之间的比；后者是输出信号功率和输出的噪声功率之间的比。对于整机信噪比而言，混频器的噪声系数会对其产生很大的影响，只排在高频放大级之后。混频器噪声系数的大小不仅包含自身因素，还和本振注入信号所选取的工作点等要素相关，电路性能会随着噪声系数的减小而变得更好。

第五节　集成运放的选用及注意问题

一、选用元件

集成运放按其技术指标可分为通用型和专用型两大类。通用型的技术指标比较均衡、全面，适用于一般电路；而专用型的技术指标在某一项非常突出，如高速型、高阻型、低功耗型、大功率型、高精度型等，以满足某些特殊电路的要求。按每一集成片中集成运放的数目可分为单运放、双运放和四运放。

通常应根据实际要求来选用集成运放。如无特殊要求，一般应选用通用型，因通用型既易得到，价格又较低廉。而对于有特殊要求的则应选用专用型。

需注意，目前集成运放的类型很多，型号标注又未完全统一。例如部标型号 F007、国标型号为 CF741。因此在选用集成运放时，可先查阅有关产品手册，全面了解一些运算放大器的性能，再根据货源、价格等情况，决定取舍或代换。

选好后，根据引脚图和符号图连接外部电路，包括电源、外接偏置电阻、消振电路及调零电路等。接线时需注意，焊接时电烙铁头必须不带电，或断电后利用电烙铁的余热焊接。

二、使用时的注意问题

（一）消振

由于集成运放内部极间电容和其他寄生参数的影响，很容易产生自激振荡，即在集成运放输入信号为零时，输出端存在近似正弦波的高频电压信号，在与人体或金属物体接近时尤为显著，这将使集成运放不能正常工作。为此，在使用时要注意消振。目前由于集成工艺水平的提高，集成运放内部已有消振元件，无须外部消振。是否已消振，可将输入端接"地"，用示波器观察输出端有无高频振荡波形，即可判定。如有自激振荡，需检查反馈极性是否接错，考虑外接元件参数是否合适或接线的杂散电感、电容是否过大等，而采取相应措施。必要时可外接 RC 消振电路或消振电容。

（二）调零

由于集成运放的内部参数不可能完全对称，以致当输入信号为零时，输出电压 U_o 不等于零。为此，在使用时要外接调零电路。CF741 集成运放的调零电路，它的调零电路由 $-15V$ 电源、$1k\Omega$ 电阻和调零电位器 R_p 组成。先消振，再调零，调零时应将电路接成闭环。在无输入下调零，即将两个输入端均接"地"，调节调零电位器 R_p，使输出电压 U_o 为零。

在一般情况下，接入规定的调零电位器后，都可使输出电压 U_o 调节为零。但是如果因所用集成运放质量欠佳，产生过大的失调电压不能调零时，可换用较大阻值的调零电位器，扩大调零范围使输出为零。如果集成运放在闭环时不能调零，或其输出电压达到正或负的饱和电压，可能是由于负反馈作用不够强，电压放大倍数过大所致。此时，可将反馈电阻 R_r 值减小，以加强负反馈。若仍不能调零，可能是接线点有错误，或有虚焊点，或者是器件内部损坏。

三、集成运放的保护

为了保证集成运放的安全，防止因电源极性接反、输入电压过大、输出端短路或错接外部电压等情况而造成集成运放损坏，可分别采取如下保护措施。

（一）输入端保护

当输入信号电压过高时会损坏集成运放的输入级。为此，可在输入端接入反向并联的二极管，将输入电压限制在二极管的正向压降以下。

（二）输出端保护

为了防止输出电压过大，可利用稳压管来保护。将两个稳压管反向串联，再并接于反馈电阻 R_F 的两端。集成运放正常工作时，输出电压 U_o 低于任一稳压管的稳压值 U_Z，稳压管不会被击穿，稳压管支路相当于断路，对集成运放的正常工作无影响。当输出电压 U_o 大于一只稳压管的稳压值 U_Z 和另一只稳压管的正向压降 Ur 之和时，一只稳压管就会反向击穿，另一只稳压管正向导通。这时，稳压管支路相当于一个与 R_F 并联的电阻，增强了负反馈作用，从而把输出电压限制在 ± (U_Z+U_F) 的范围内。在选择稳压管时，应尽量选择反向特性好、漏电流小的元件，以免破坏集成运放输入与输出的线性关系。

（三）电源极性接错的保护

为了防止正、负电源极性接反而损坏集成运放组件，可利用二极管来保护。将两只二极管 D_1 和 D_2 分别串联在集成运放的正、负电源电路中，如果电源极性接错，二极管将不导通，隔断了接错极性的电源，因而不会损坏集成运放组件。

第六节　波形发生电路

波形发生电路用于产生正弦波和非正弦波（如矩形波、三角波等），这些信号在通信和测试系统中有着广泛的应用。本章将介绍产生正弦振荡的条件、波形发生电路的工作原理以及振荡频率的选择等内容。

一、正弦波发生器

（一）产生自激振荡的条件

放大电路的自激振荡是指在没有外加输入信号作用时，在电路内部就可以产生具有一定频率和幅值的输出信号。自激振荡所产生的输出信号可以是正弦波或非正弦波。能够产生正弦波信号的自激振荡电路称为正弦波振荡器（又叫作正弦波发生器），而能够产生非正弦信号的自激振荡电路称为脉冲发生器、矩形波发生器、锯齿波发生器等。

在讨论过的负反馈放大电路中，当电路满足一定条件时有可能产生自激振荡，但这与将要讨论的自激振荡有原则上的区别。负反馈放大电路中不可避免地存在着附加的相移，使放大电路在中频工作时接入的负反馈，在低频段或高频段有可能转变为正反馈。在一定的幅值和相位条件下，便产生了自激振荡，从而破坏了放大电路的正常工作条件。这种自激振荡必须加以消除。本章研究的自激振荡是在放大电路中引入正反馈，并使电路满足自激振荡的条件，从而依靠电路本身的固有噪声或扰动信号，产生具有一定频率和幅值的输出信号。这种自激振荡需要创造振荡条件使之得以实现。

（二）正弦振荡电路的组成与分类

在振荡电路中，自激振荡一旦建立，它的幅值最终要受到放大电路中非线性饱和因素的限制，而不会无限地增大。此外，在正弦振荡电路中一般都设计了限幅（稳幅）电路，使振荡器具有一定幅值的稳定输出信号。

一个正弦振荡器，除必须满足幅值和相位条件外，在组成结构上必须包含放大电路、正反馈网络、选频电路和限幅电路四个基本环节。选频电路可以设置在放大电路或正反馈网络中。在很多正弦振荡电路中，反馈和选频设置在同一个网络中。限幅电路多设计在振荡器的输出端。常用的正弦振荡器按组成选频网络的元件类型可分为 RC 振荡器、LC 振荡器和石英晶体振荡器。一般地，RC 振荡器的输出频率较低，频率范围可从几 Hz 到几百 kHz。LC 振荡器输出频率较高，一般可从几百 kHz 到几百 MHz。而石英晶体振荡器的主要优点是频率稳定度可高达 10^{-5} 数量级之上，且振荡频率较高。

二、变压器反馈式 LC 振荡器

变压器一个绕组（原边）与电容并联接在放大电路的输出端，构成 LC 并联电路，而另一个绕组（副边）作为反馈网络。晶体管放大电路采用共射接法。反馈信号连接到晶体管的基极上。

由于晶体管集电极所连接的变压器绕组端与基极所连接的绕组端互为异名端，因此反馈网络的相位为 $\varphi r = 180°$。晶体管放大电路接成共射组态，因此 $\varphi A = 180°$。$\varphi AF = 360°$，说明电路引入的是正反馈，电路满足自激振荡的相位条件。

幅值条件 $AF = 1$，可通过合理地设置共射放大电路的电压放大倍数以及变压器的电压变比来实现。

此外，在构成变压器反馈式 LC 振荡电路时，放大电路可以是共射组态，也可以是共基组态，放大电路还可以由集成运放构成。反馈信号从变压器的同名端引出还是从异名端引出，要看放大电路本身的相移，但最终要以自激振荡的相位条件为准则。

三、LC 三点式振荡器

将 LC 振荡电路中的电容 C 用两个电容 C_1 和 C_2 串联来替代，并将其中一个电容（如 C_2）的电压作为反馈信号。由于晶体管的三个极都与电容相连，因此又称为电容三点式振荡器。若用两个串联的电感 L_1 和 L_2 取代 LC 振荡电路中的电感，也将其中一个电感（如 L_2）上的电压作为反馈电压。由于晶体管的三个极都与电感相连，因此又称为电感三点式振荡器。

（一）石英晶体振荡器

1. 石英晶体振荡器的电特性

石英晶体是一种各向异性的晶体，主要化学成分是 SiO_2。将石英晶体按一定的方位角切割成薄片，在薄片的上、下两个表面涂以银层来制成两个金属板，然后在每个金属板上接出一根引线，以外壳封装后就构成了石英晶体振荡器。其等效电路模型和等效阻抗的频率特性。

石英晶体的主要特点是它的压电效应。在晶体两端加交变电压时，晶片内会产生机械振动；在晶体上加以外应力时，晶体内部会产生机械振动，机械振动又会在晶片上引起交变电压。因此，在石英晶体两端加某一频率的电压时，晶片会产生共振（也称为压电振荡）。

2. 石英晶体振荡电路

利用石英晶体可以构成并联型和串联型两类振荡电路。前者让石英晶体工作在 ωs~ ωp 频带内，这时晶体呈感性，可作为 LC 三点式振荡器中的电感，再外接两个电容，便可构成电容三点式石英晶体振荡电路。而后者则让石英晶体工作在串联谐振角频率 ωs 上，并以晶片作为反馈网络和选频网络。并联晶体振荡电路中，石英晶体作为电容三点式振荡器的电感元件。

第六章　晶闸管及其应用

前面讨论的二极管整流电路，在输入的交流电压一定时输出的直流电压不能调节，称为不可控整流电路。

许多情况下，要求输出直流电压能够调节，即具有可控的特点。硅晶体闸流管（简称晶闸管）就是为了满足此种需要而于 1957 年研制出来的。晶闸管具有体积小、重量轻、效率高、动作迅速、寿命长、操作方便等许多优点，但它存在过载能力低、抗干扰能力差、控制比较复杂等缺点。

晶闸管的制造和应用技术发展很快，目前已制造出多种类型的晶闸管，在各个工业部门得到了广泛应用。应用得最多的是晶闸管整流电路，如在直流电动机的调速、直流弧焊、同步电机励磁、电解、电镀等方面的应用。晶闸管还广泛用于把直流电转变为交流电的逆变电路中，如交流电动机的变频调速、晶闸管逆变弧焊电源等。晶闸管具有可控制的开关作用，还可用在交、直流无触点开关以及交流调压等方面。

本章主要介绍晶闸管的基本结构、工作原理、伏安特性，常用的单相可控整流电路，以及晶闸管触发电路，并介绍晶闸管部分应用电路。

第一节　晶闸管

一、基本结构

晶闸管是在晶体管的基础上发展起来的一种大功率半导体器件，由四层半导体 P_1、N_1、P_2、N_2 制成，形成三个 PN 结 J_1、J_2、J_3。由 P 层引出的电极为阳极 A，由 N_2 层引出的电极为阴极 K，由中间的 P_2 层引出的电极为控制极（或称门极）G，然后用外壳封装起来。普通型晶闸管有螺栓式和平板式两种。阳极引出端，可以利用它固定散热片；另一端较粗的一根引出线是阴极引出线，另一根较细的是控制极引出线。

二、工作原理

为了说明晶闸管的工作原理，把晶闸管看成由一个 NPN 型晶体管 T_1 和一个 PNP 型晶体管 T_2 连接而成，阴极 K 相当于 T_1 的发射极，阳极 A 相当于 T_2 的发射极，中间的 P_2 层和 N_1 层为两管共用，每一个晶体管的基极与另一个晶体管的集电极相连接。

（1）在控制极不加电压（开路）的情况下，当阳极 A 和阴极 K 之间加正向电压（A 为高电位，K 为低电位）时，PN 结 J_1 和 J_3 正向偏置，J_2 反向偏置，且 $l_G = 0$，故 T_1 不能导通，晶闸管处于截止状态（又称阻断状态）。当阳极 A 和阴极 K 之间加反向电压时，则 J_2 正向偏置，而 J_1 和 J_3 反向偏置，T_1 仍不能导通，故晶闸管还是处于阻断状态。可见，当控制极不加电压时，不论阳极和阴极之间所加电压极性如何，晶闸管都处于阻断状态。

（2）在控制极 C 和阴极 K 之间加正向电压（G 为高电位，K 为低电位），阳极 A 和阴极 K 之间也加正向电压的情况下，当控制极电流 I_G 达到一定数值时晶闸管导通。

晶闸管导通后，即使去掉控制极与阴极间的正向电压，仍能继续导通。这是因为，T_1 的基极仍有 T_2 的集电极电极流过，T_1 基极电流比开始时所加的 I_G 大得多，也就是靠管子本身的正反馈保持导通。所以，控制极的作用仅仅是触发晶闸管使其导通，导通之后控制极就失去控制作用了。可见，要使晶闸管由阻断变为导通，控制极需要一个正的触发脉冲信号。要想关断晶闸管，必须将阳极电流减小到使之不能维持正反馈过程。维持晶闸管继续导通的最小电流称为擎住电流。当然，也可以将阳极电源断开或者在阳极和阴极间加一个反向电压。

综上所述，晶闸管导通的条件是：阳极和阴极之间加正向电压，控制极和阴极之间也加正向电压，阳极电流大于擎住电流。满足这三个条件时晶闸管才能导通，否则是阻断状态，所以晶闸管是一个可控的导电开关。它与二极管相比，不同之处是其正向导通受控制极电流的控制；与三极管相比，不同之处是晶闸管对控制极电流没有放大作用。

三、伏安特性

晶闸管的导通和阻断这两个工作状态是由阳极电压 U_{AK}、阳极电流 I_A 及控制极电流 I_G 等决定的。这几个量又是互相有联系的，在实际应用时常用实验曲线表示它们之间的关系，这就是晶闸管的伏安特性曲线。

晶闸管阳极和阴极之间加正向电压，控制极不加电压（$I_G = 0$），J_1、

J_3 处于正向偏置状态，J_2 处于反向偏置状态，其中只流过很小的正向漏电流。这时，晶闸管阳极和阴极之间呈现很大的电阻，处于正向阻断状态。当正向电压增大到某一数值时，J_2 被击穿，漏电流突然增大，晶闸管由阻断状态突然转变为导通状态。特性曲线由 A 点突跳到 B 点。晶闸管由阻断状态转变为导通状态，所对应的电压称为正向转折电压 U_{BO}。导通后的正向特性与一般二极管的正向特性相似，特性曲线靠近纵轴且陡直，流过晶闸管的电流很大，而它本身的管压降只有 1V 左右。晶闸管导通后，若减小正向电压或增大负载电阻，当阳极电流减小到小于维持电流 IH 时，晶闸管由导通状态又转变为阻断状态。

当晶闸管的阳极和阴极之间加反向电压（控制极仍不加电压）时，J_1 和 J_3 反向偏置，J_2 正向偏置，晶闸管处于阻断状态，其中只流过很小的反向漏电流，其伏安特性与二极管类似。如果再增加反向电压，反向漏电流急剧增大，使晶闸管反向导通，此时所对应的电压称为反向击穿（转折）电压 U_{BR}。

控制极不加电压，迫使晶闸管由阻断转变为导通，这种正、反向击穿导通很容易造成晶闸管的不可恢复性击穿而使元件损坏，在正常工作时是不采用的。正常工作时，晶闸管的控制极必须加正向电压，控制极电路中就有电流 I_G，晶闸管的导通受控制极电流 I_G 大小的控制。控制极电流愈大，正向转折电压愈低，特性曲线左移。

四、主要参数

为了正确地选择和使用晶闸管，还必须了解它的电压、电流等主要参数的意义。其主要参数有以下几项。

（一）正向重复峰值电压 U_{FRM}

在控制极开路、元件额定结温、晶闸管正向阻断的条件下，可以重复加在晶闸管两端的正向峰值电压（允许每秒重复 50 次，每次持续时间不大于 10ms），称为正向重复峰值电压，用 U_{FRM} 表示。规定此电压为正向转折电压的 80%。

（二）反向重复峰值电压 U_{RRM}

在控制极开路、元件额定结温的条件下，阳极和阴极间允许重复加的反向峰值电压，称为反向重复峰值电压，用 U_{RRM} 表示。规定此电压为反向转折电压的 80%。

一般将 U_{FRM} 和 U_{RRM} 中数值较小的一个定为晶闸管的额定电压。选择晶闸管时，应考虑瞬间过电压可能会损坏晶闸管，因此额定电压一般为晶闸管工作时所加电压幅值的 2~3 倍。

（三）正向平均电流 I_F

在规定的环境温度、标准散热及全导通的条件下，晶闸管允许连续通过的工频正弦半波电流在一个周期内的平均值，称为正向平均电流，用 I_F 表示。通常所说多少安的晶闸管就是指这个电流，有时也称之为额定通态平均电流。然而，这个电流值不是固定不变的，它要受冷却条件、环境温度、元件导通角、元件每个周期的导电次数等因素的影响。

（四）通态平均电压 U_F

在规定条件下，当通过正弦半波额定通态平均电流时，元件阳极和阴极间电压降的平均值称为通态平均电压，用 U_F 表示，其数值一般为

0.6~1V。通态平均电压和正向平均电流的乘积称为正向损耗，它是造成元件发热的主要原因。

（五）维持电流 I_H

在规定的环境温度下，控制极开路时维持晶闸管继续导通的最小电流，称为维持电流，用 I_H 表示。当晶闸管的正向电流小于这个电流时，晶闸管将自动关断。

（五）擎住电流 I_L

使晶闸管刚从断态转入通态并在去掉触发信号之后能维持导通所需要的最小电流，称为擎住电流，一般用 I_L 表示。对于同一晶闸管。

（七）控制极触发电压 U_G 和触发电流 I_G

在规定的环境温度下，当晶闸管阳极与阴极之间加 6V 正向直流电压时，使晶闸管由阻断状态转变为导通状态的控制极最小直流电压和电流，分别称为触发电压和触发电流，分别用 U_G 和 I_G 表示。由于制造工艺上的问题，同一型号的晶闸管的触发电压和触发电流也不尽相同。如果触发电压太低，则晶闸管容易受干扰电压的影响而造成误触发；如果触发电压过高，又会造成触发电路设计上的困难。因此，规定了常温下各种规格的晶闸管的触发电压和触发电流值的范围。

五、晶闸管种类

晶闸管按其关断、导通及控制方式可分为普通晶闸管（SCR）、双向晶闸管（TRIAC）、逆导晶闸管（RCT）、门极关断晶闸管（GTO）、BTG晶闸管、温控晶闸管（国外为 TT，国内为 TTS）和光控晶闸管（LTT）

等多种晶闸管按其引脚和极性可分为二极晶闸管、三极晶闸管和四极晶闸管。

　　晶闸管按其封装形式可分为金属封装晶闸管、塑封晶闸管和陶瓷封装晶闸管三种类型。其中，金属封装晶闸管又分为螺栓形、平板形、圆壳形等多种；塑封晶闸管又分为带散热片型和不带散热片型两种。

　　晶闸管按电流容量可分为大功率晶闸管、中功率晶闸管和小功率晶闸管三种。通常，大功率晶闸管多采用陶瓷封装，而中、小功率晶闸管则多采用塑封或金属封装。晶闸管按其关断速度可分为普通晶闸管和快速晶闸管。快速晶闸管包括所有专为快速应用而设计的晶闸管，有常规的快速晶闸管和工作在更高频率的高频晶闸管，可分别应用于 400Hz 和 10kHz 以上的斩波或逆变电路中。

第七章　数字电路基础

第一节　数字电路

一、数字电路的分类及特点

（一）数字电路的分类

1. 按电路逻辑功能分

可分为组合逻辑电路和时序逻辑电路。

（1）组合逻辑电路：输出只与当时的输入有关，与电路原来的状态没有关系。例如，编码器、译码器、加法器、比较器、数据选择器。

（2）时序逻辑电路：输出不仅与当时的输入有关，还与电路原来的状态有关。例如，触发器、计数器、寄存器。

2. 按电路所用的器件分

可分为双极型电路和单极型电路。

（1）双极型电路：TTL、ECL。

（2）单极型电路：NMOS、PMOS、CMOS。

3. 按电路有无集成元器件分

可分为分立元件数字电路和集成数字电路。

(二) 数字电路的特点

数字电路处理的信号包括反映数值大小的数字量信号和反映事物因果关系的逻辑量信号，它们是在时间上和数值上都不连续变化的离散信号，在数字电路中用高、低电平表示，在运算中则用"0"和"1"来表示，因此数字电路具有以下特点：

(1) 数字电路所研究的问题是输入的高、低电平与输出的高、低电平之间的因果关系，称为逻辑关系。

(2) 研究数字电路逻辑关系的主要工具是逻辑代数。在数字电路中，输入信号也称为输入变量，输出信号称为输出变量，也称逻辑函数，它们均为二值量，非"0"即"1"。逻辑函数为二值函数，逻辑代数概括了二值函数的表示方式、运算规律及变换规律。

(3) 因为数字电路的输入和输出变量都只有两种状态，所以组成数字电路的半导体器件绝大多数工作在开关状态。当它们导通时相当于开关闭合，当它们截止时相当于开关断开。

(4) 数字电路不仅可以对信号进行算术运算，还能够进行逻辑判断，即具有一定的逻辑运算能力，这就使它能在数字计算机、数字控制、数据采集和处理及数字通信等领域中获得广泛的应用。

(5) 因为数字电路的主要研究对象是电路的输入和输出之间的逻辑关系，所以数字电路也称为逻辑电路。它的一套分析方法也与模拟电路不同，采用的是逻辑代数、真值表、卡诺图、特性方程、状态转换图和时序波形图等。

（二）数字电路的发展及应用

1. 数字电路的发展

数字电路的发展与模拟电路一样，经历了电子管、半导体分立器件到集成电路的过程。

1854 年，英国数学家乔治布尔在他的论文《思维规律的研究》中提出数字式电子系统中的信息用二元数"比特"表示，比特可以被认为是"0"或者"1"两个常量中的一个，这种只有两个数字元素的运算系统被称为二元系统，这个理论以用二元数"1"表示真、以"0"表示伪的概念为基础。直到香农根据布尔代数提出了开关理论，布尔的理论才找到实际的应用。

1906 年，美国的 Lee De Forest 发明了电子管。在这之前造出数字电子计算机是不可能的。这为电子计算机的发展奠定了基础。

1935 年，IBM 推出 IBM 601 机，这是一台能在一秒内算出乘法的穿孔卡片计算机。

1939 年 11 月，美国的 John V. Atanasoff 和他的学生 Clifford Berry 完成了一台 16 位的加法器，这是第一台真空管计算机。1939 年，Zuse 和 Schreyer 开始在他们的 Z1 计算机的基础上发展 Z2 计算机，并用继电器改进它的存储和计算单元。1940 年，Schreyer 利用真空管完成了一个 10 位的加法器，并使用了氖灯做存储装置。

1946 年诞生了世界上第一台电子计算机，这表明人类创造了可增强和部分代替脑力劳动的工具。它与人类在农业、工业社会中创造的那些只是增强体力劳动的工具相比，有了质的飞跃，为人类进入信息社会奠定了基础。实际上数字系统的历史可追溯到 17 世纪，1624 年 Blaise Pascal 设计了一台机械的数值加法器，1671 年德国数学家 Gorge Boole 发明了一台可进行乘法与除法的机器。但在这之前的计算机都是基于机械运行方式，即使有个别产品开始引进一些电学内容，也都是从属于机械的，还没有进入计算机的灵活逻辑运算领域。

1958 年，美国德克萨斯公司制成了第一个半导体集成电路，这是在电子设计方法上变革的开始。

从 20 世纪 60 年代开始，数字集成器件以双极型工艺制成了小规模逻辑器件。随后发展到中规模逻辑器件。

20 世纪 70 年代末，微处理器的出现使数字模拟电路的性能产生了质的飞跃。数字集成器件所用的材料以硅材料为主，在高速电路中，也使用化合物半导体材料，如砷化镓等。逻辑门是数字电路中一种重要的逻辑单元电路。TTL 逻辑门电路问世较早，其工艺经过不断改进，至今仍为主要的基本逻辑器件之一。随着 CMOS 工艺的发展，TTL 的主导地位受到了动摇，有被 CMOS 器件取代的趋势。

近年来，可编程逻辑器件 PLD 特别是现场可编程门阵列 FPGA 的飞速进步，使数字电子技术开创了新局面，不但规模大，而且将硬件与软件相结合，使器件的功能更加完善，使用更灵活。

2. 数字电路的应用

数字电路有很广泛的应用，这也是数字设计重要性的体现。数字电路与数字电子技术广泛应用于电视、雷达、通信、电子计算机、自动控制、航天等科学技术领域。其典型应用如下。

（1）数字照相机。传统的模拟相机是用卤化银感光胶片记录影像，胶片成像过程需要严格的加工工艺和技术，而且胶片不容易保存和传输。数字相机是将影像的光信号转化为数字信号，以像素阵列的形式进行存储。存储的信息包括色彩、光强和位置等。例如，640×480 的像素阵列中，每个像素的红、绿、蓝三原色均是八位，则该阵列的数据超过 700 万。如果用 jpeg 图像格式进行压缩处理，数据量只为原来的 5%，便于进行网络的远距离传输。随着计算机处理照片技术的推广、外置大容量储存器的普及、激光数字冲放设备的广泛应用，数字相机取代了模拟相机。

（2）视频记录设备。VCD 和 DVD 普及之前，视频信息主要以记录模拟信号的磁带为主，录像带的携带和储存都不方便。VCD 利用 MPEG1 压缩方式，以数字信号记录图像和声音，它可以在直径 12 cm 的光盘上记录 74 min 的影音信息。

（3）数控技术。数控技术，英文名称 Numerical Control（简称 NC），即采用电脑程序控制机器的方法，按工作人员事先编好的程式对机械零件进行加工的过程。

（4）交通控制系统。交通控制系统也是数字技术应用的典型范例。交通灯是 1920 年问世的，早期的交通灯是用机电定时器控制的，后来用继电器和开关构成的控制器，根据道路上传感检测的信号进行控制。现在的交通灯由计算机控制，可以将检测系统检测到的车辆流量信息送到系统计算机，经过计算后进行合理的时间分配。如果某路口东西方向堵塞，则将该路口东西方向的绿灯自动延时，并将附近区域东西方向的红灯也自动延时，堵塞解除后，信号灯恢复正常状态。

第二节　数字电路分类

数字电子电路在应用上最基本的原理是二极管和三极管的开关特性。

给二极管加正向电压导通，加反向电压截止。加正向电压导通后，将输入端的电位钳制在输出端，此为二极管开关特性。

三极管由发射结和集电结形成放大、截止和饱和区，并引出基极、集电极和发射极。当在共射极电路中的基极和发射极间加一个负电源，发射结和集电结都处于反向电压作用下（反偏），三极管可靠地截止，集电极与发射极之间如同断开的开关。当在信号源与基极之间串联一个较大的电阻，使基极在一般信号作用下无信号输入。但是，当信号源加一个幅度足够大的脉冲，在瞬间信号通过放大区，使三极管从截止翻转到饱和状态。此时，发射结和集电结都处于正向电压作用下（正偏），三极管完全导通。集电极与发射极之间如同一个无触点的开关，此为三极管的开关特性。

门电路的输入和输出信号是二进制的数字信号，都是用电平（或叫电位）的高低来表示。若规定高电平为"1"，低电平为"0"，则称为正逻辑。若规定低电平为"1"，高电平为"0"，则称为负逻辑。使用逻辑门电路必须明确其是遵循正逻辑，还是遵循负逻辑。如果没有明确规定，则遵循正逻辑。对于一个开关管，高电平"1"时导通，低电平"0"时截止，属正逻辑。

场效应晶体管（MOS）的电路中，当输入电压小于开启电压时，

D-S 间呈高阻；当输入电压大于开启电压时，D-S 间呈低阻，MOS 则呈现断开、导通的开关状态。

以三极管、二极管的开关特性为基础，构成基本逻辑门电路、复合门电路、组合逻辑电路、时序逻辑电路、脉冲波形的产生和整形电路、触发器、存储器和 A/D、D/A 转换器等数字电子电路。逻辑门电路是数字电子电路最基本的单元电路，用它构成各种数字电路时，必须明确其逻辑规律。

（一）基本逻辑门电路

基本逻辑门包括与门、或门和非门。

1. 与门

与门是由几只二极管构成的，它们的负极为输入端，正极接在一起为输出端。其输出端接正电源，输入端为低电平时，因正、负极间电位差较大而导通，将输入端的低电平钳制在输出端，其他二极管输出端则为低电平，承受反偏而截止。当它们的输入端同时为高电平"1"时，输出端为"1"。当它们的输入端同时为低电平"0"时，输出端为"0"。

2. 或门

或门亦是由几只二极管构成的，它们的正极为输入端，它们的负极接负电源。当它们的输入端有一个或几个都为高电平时，承受正偏而导通，且将高电平钳制在输出端，输出端为"1"。

或门又有同或和异或之分。其中，同或：输入端状态相同，才有输出；异或：输入端状态不同时才有输出，有输出时，输出端为"1"。

3. 非门

由晶体管构成的门电路，晶体管输入端与输出端之间的相位总是相反的，输入输出体现"非"的关系，故称非门，或称反相器。双极型的晶体管能组成非门，单极型的场效应晶体管（MOS）亦能组成非门。

（二）复合门电路

复合门电路包括"与非门""或非门""与或门""三态门""传输门"，它们是复合型门电路。其中，与非门是最常用的复合门电路，以它为基础能组成各种逻辑电路。

1. 与非门

与非门是与门和非门构成的其中，有 TTL 与非门、HTL 与非门、NMOS 与非门和 CMOS 与非门。

2. 或非门或

非门是或门与非门构成的，有 TTL 或非门、CMOS 或非门。

3. 与或非门

与或非门是由与门、或门和非门组合而成，以便适应逻辑控制过程中信号状态变换，组成需要的编码。

4. 三态门

三态门由与非门和带控制端的控制电路组成。该电路有输入、输出和控制端三端，输出端的状态由控制端决定。三态门可分为 TTL 三态门和 CMOS 三态门。

（1）TTL 三态门

TTL 三态门由与非门和控制电路组成。无论是与非门还是控制电路都由晶体管组成，故称 TTL 三态门。

（2）CMOS 三态门

CMOS 三态门通过在 CMOS 与非门电路上加一对附加管（一个 P 沟道 MOS 管，一个 N 沟道 MOS 管）组成，实现高电平、低电平和高阻三态控制。也可以用或非门或传输门构成三态门。三态门广泛应用在总线控制系统中，用来传输逻辑信号。

（3）传输门

传输门（TG）多数用 MOS 管组合而成。其中，P 沟道 MOS 管和 N 沟道 MOS 管互补构成传输门。

两只 MOS 管，其源极相连作输入端，漏极相连作输出端，栅极相连作控制端，构成传输门。CMOS 反相器和 CMOS 传输门按规律组合可构成触发器、寄存器、计数器等各种复杂的逻辑电路。

（三）组合逻辑电路

组合逻辑电路由门电路组成。它们能实现各种逻辑功能，如编码、译码、数据选择、数据比较等功能。

1. 编码器

执行编码功能的电路称为编码器。编码就是对不同的电平信号赋予特定的含义，并用二进制代码"1"和"0"表示，按一定规则将它们编成代码。

用二极管矩阵或者用与非门构成二进制编码器、二—十进制编码器。

在与非门编码器电路中，加入控制电路和选通端，可构成带选通端的优先编码器。加上扩展端则可扩展编码功能。

编制的二进制代码可应用于 PC 和 PLC 等数字处理系统中。

2. 译码器

执行译码功能的电路称为译码器。译码是编码的逆过程。译码是将每一组二进制代码的特定含义翻译出来。

用二极管矩阵或与非门电路都可以构成译码器。二进制译码器输入的是一组二进制代码，输出的是一组高低电平信号。二—十进制译码器输入的是 BCD 码，输出的则是一组高低电平信号。

在 PC、PLC 数字处理系统中，既需要编码，又需要译码。在信号处理传输中，尤其输出控制负载时，必须将二进制编码译为控制用的电平信号。

3. 数据选择器

从若干数字信号中将需要的信号挑选出来，这种功能的逻辑电路称为数据选择器。用 TTL 与非门、与或非门可构成数据选择器。用 CMOS 反相器和传输门亦可构成数据选择器。在与非门选择器电路中加入控制门电路和控制端 S，能控制选择器的工作状态和扩展其功能。数据选择器一般用于选择信息存储的地址。

4. 数值比较器

比较两个数字或多个数字大小的逻辑电路称为数值比较器。数值比较器由与非门电路构成。可构成一位数值比较器、四位数值比较器、八位数值比较器。数值比较器一般应用在 PC 或 PLC 的数字系统中。

（四）触发器

数字电路的输出状态需要采用外部信号（CLK）的触发而改变的逻辑电路称为触发器。触发器按触发方式可分为电平触发器、边沿触发器和脉冲触发器；按其功能分为 R-S 触发器、J-K 触发器、D 触发器和 T 触发器等；按其结构分为主-从触发器和维持-阻塞触发器；按其极性可分为双极性触发器和单极性触发器。利用触发器可以构成时序逻辑电路，如寄存器、计数器等。

（五）时序逻辑电路

如果某一数字电路在任一时刻的输出，不仅与此时刻输入端原来的状态有关，还与时间顺序有关，此电路称为时序逻辑电路。

典型的时序逻辑电路，如寄存器和计数器，它们由组合逻辑电路和具有存储功能的记忆元件组成。

1. 寄存器

一个触发器记忆一位二进制数，n 个触发器则能记忆 n 位二进制数。当它们与组合电路相配合，则构成各种寄存器，如并行寄存器、移位寄存器等。

并行寄存器：并行输入、并行输出的寄存器，简称并行寄存器。它由基本 R-S 触发器和与非门电路组成。

移位寄存器：寄存器中的数据参加运算时，需要向左或向右移位，具有移位功能，称移位寄存器。移位寄存器由链型连接的触发器组成。移位寄存器有串行输入-单向移位寄存器串并行输入-单向移位寄存器和双向移位寄存器。

其中串行输入–单向移位寄存器由若干 D 触发器组成。每个 D 触发器的输出端都接到下一级 D 触发器的输入端，共同受同一个移位脉冲 CP 的控制。

2. 计数器

记忆脉冲数目的电路称为计数器。所有的计数器都是由触发器与组合电路相互配合构成的。计数器的种类很多。按脉冲作用方式分为同步计数器和异步计数器。按进位制可分为二进制计数器、十进制计数器和 N 位计数器。按计数功能分为加法计数器、减法计数器和可逆计数器等。

第三节　数字信号

数字信号具有极强的表达能力，有着广泛的应用，如计算机内部使用的信号是数字信号，互联网上传送的信号是数字信号，现代通信及高清晰的广播、电视信号都是数字信号。所以说，数字信号是现代信息技术中最常用的一种信号。

通常使用的数字信号是取值为 0 V 和 5 V 的电压信号，而 0 V 和 5 V 分别用 "0" 和 "1" 两个抽象的符号或代码表示，所以在后面的讨论中，更多地使用 "0" "1" 代码来描述数字信号。

数字信号可以用来对 "数" 进行编码，实现数值信息的表示、运算、传送和处理；数字信号可以用来对符号进行编码，实现符号信息的表达、传送和处理；数字信号可以用来表示逻辑关系，实现逻辑演算、逻辑控制等。

一、模拟信号与数字信号

我们知道，数字电路需要处理的是各种数字信号，那么这种数字信号有什么特点呢？留意观察一下自然界中形形色色的物理量不难发现，就其变化规律的特点而言，它们不外乎两大类，其中一类物理量的变化在时间上和数量上都是离散的，而且它们数值大小和每次的增减变化都是某一最小计量单位的整数倍，而小于这个最小计量单位的数值没有任何物理意义。我们将这一类物理量称为数字量，把表示数字量的信号称为数字信号，并把工作在数字信号下的电子电路称为数字电路。例如，我们统计通过某一个桥梁的汽车数量，得到的就是一个数字量，最小加减的"1"代表"一辆"汽车，小于1的数值已经没有任何物理意义。

另外一类物理量的变化在时间上或数值上是连续的。我们把这一类物理量称为模拟量，把表示模拟量的信号称为模拟信号，并把工作在模拟信号下的电子电路称为模拟电路。例如，热电偶工作时输出的电压或电流信号就是二种模拟信号。因为被测的温度不可能发生突变，所以测得的电压或电流无论在时间上还是在数值上都是连续的。而且这个信号在连续变化过程中的任何一个取值都有具体的物理意义，即表示一个相应的温度。

模拟信号是指幅度随时间连续变化的信号。对于任意时间 1，均有确定的电压 u 或电流 i。例如正弦波信号，我们能感知到的声音信号、图像信号等都是模拟信号。对模拟信号的处理，主要包括信号的放大、信号的产生和波形变换等。

数字信号在幅度和时间上都是离散的，电压或电流总是在某些离散的瞬间发生突变。应当指出，大多数物理量所转换的电信号都是模拟信号，为了更有效地处理信号，通常将模拟信号转换为数字信号。例如，在用计算机处理信号时，由于计算机只能识别数字信号，因此，要通过一种称为模数转换的电路进行预处理。

（一）电子信息系统

随着计算机技术的发展，信号处理往往借助计算机程序实现，因此，一个电子信息系统通常是模拟电路与数字电路的有机结合。

对模拟电路部分而言，首先是信号的提取，也就是通过传感器、接收器将各种物理量转换为电信号。对于实际系统，传感器或接收器所提供信号的幅值往往很小，噪声很大，且易受干扰，有时甚至分不清什么是有用信号，什么是干扰或噪声，因此，在加工信号之前需将其进行预处理，常用的方法有隔离、滤波、阻抗变换等，然后将信号放大。当信号足够大时，再进行信号的运算、转换、比较、采样保持等不同方式的加工处理。最后，通常要经过功率放大以驱动执行机构（负载）。

（二）电子信息系统中的模拟电路

在电子系统中，常用的模拟电路及其功能如下。

1. 放大电路

用于将信号的电压、电流或功率的放大。

2. 滤波电路

用于信号的提取、变换或抗干扰。

3. 运算电路

完成一个信号或多个信号的加、减、乘、除、积分、微分、对数、指数等运算。

4. 信号转换电路

用于将电流信号转换成电压信号（或将电压信号转换成电流信号）、将直流信号转换为交流信号（或将交流信号转换为直流信号）、将直流电压转换成与之成正比的频率等。

5. 信号发生电路

用于产生正弦波、矩形波、三角波、锯齿波等。

6. 直流电源

将正弦交流电转换成直流电，作为各种电子电路的供电电源。放大是对模拟信号最基本的处理，因此，放大电路是构成各种功能模拟电路的基本电路。

二、数字信号的描述方法

数字信号幅度的取值是离散的，幅值表示被限制在有限个数值之内。二进制码就是一种数字信号。在数字电路中，数字的表示方法与人们习惯使用的十进制有很大的不同。在数字电路中，目前几乎都采用二进制，这是因为实现数字电路的器件是与二进制对应的。例如，二极管的正向导通和反向截止，三极管的饱和与截止，都正好与二进制相对应，容易实现各种逻辑电路，所以数字电路中用二进制的"0""1"或者"0"与"1"的不同组合来表示数字信号，并遵循二进制的运算规则。

三、数字信号类别

（一）增量码信号

采用光栅、激光干涉法等测量位移时传感器的输出为增量码信号。迈克尔逊激光干涉仪光路，由激光器 1 发出的准直光经分光镜二分成两路，一路经分光镜 2 反射由参考反射镜 3 返回，另一路透过分光镜 2，由安装在被测工作台 5 上的靶标反射镜 4 反射返回。

在分光镜 2 处两路光重新汇合形成干涉。工作台 5 每移动半个波长，干涉条纹变化一个周期。光电器件 6 将干涉条纹的变化转换为电信号。这里不是根据光电信号的强弱确定被测工作台 5 的位移，而是根据光电信号的变化周期数确定工作台 5 的位移量 AL。

与这一类传感器连接的测量电路输入信号为增量码信号。增量码信号的特点是被测量值的增量与传感器输出信号的变化周期数成正比。对输出模拟信号的传感器，传感器输出在输出非调制信号情况下，信号的波形随被测量变化；在输出调幅信号情况下，信号包络线的波形随被测量变化。而增量码信号的波形不由被测量值或其增量决定，这是它与模拟信号的主要区别。采用步进电动机为执行机构时，电动机的转角由输入的脉冲数决定，这时要求测控电路输出增量码数字信号。

（二）绝对码信号

增量码信号是一种反映过程的信号，或者说是一种反映变化增量的信号。它与被测对象的状态并无一一对应的关系。信号一旦中断，就无法判断物体的状态。绝对码信号是一种与状态相对应的信号。码盘的每一个角度方位对应于一组编码，这种编码称为绝对码。与绝对码传感器相连接的测量电路输入信号为绝对码信号。绝对码信号有很强的抗干扰能力，不管中间发生了什么情况，干扰去掉后，一种状态总是对应于一组确定的编码。

绝对码信号在显示与打印机构中有广泛的应用。显示与打印机构根据测控电路的译码器输出的编码显示或打印相应的数字或符号。在一些随动系统中，执行机构根据测控电路输出的编码使受控对象进入相应状态。这些都是要求测控电路输出绝对码信号的例子。

（三）开关信号

开关信号可视为绝对码信号的特例，当绝对码信号只有一位编码时，就成了开关信号。开关信号只有 0 和 1 两个状态。与行程开关、光电开关、触发式测头相连接的测控电路，其输入信号为开关信号。当执行机构只有两种状态时，如电磁铁、开关等，常要求测控电路输出开关信号。

第四节　数制与编码

一、数制的概念

数字信号通常都是用数码形式给出的。不同的数码可以用来表示数量的不同大小。用数码表示数量大小时，一位数码往往不够用，因此经常需要用进位计数制的方法组成多位数码使用。我们把多位数码中每一位的构成方法以及从低位到高位的进位规则称为数制。在数字电路中经常使用的数制，除了我们最熟悉的十进制以外，更多的是使用二进制和十六进制。有时也用八进制。

数值数据是指人类日常生活中所说的数或数据，它有正或负、大或小之分，还有整数或小数以及实数之分。数值数据在计算机中用二进制代码来表示。我们把一个数在计算机内部表示成的二进制形式称为机器数，原来的数称为这个机器数的真值。

二、机器数的特点

（一）固定位数限制

受计算机设备的限制，机器数应有固定的位数，它所表示的数受到计算机固有位数的限制，所以机器数应有一定的范围，超过这个范围便无法正确表示，称这种"超出"情况为"溢出"。

例：某台计算机字长为 8 位，用一个字表示机器数，则它能表示的无符号整数的最大值是 8 位全"1"——11111111，即十进制数 255。如果超过这个值，就算产生"溢出"。

（二）机器数把其真值的符号数字化。

计算机中使用具有两个不同状态的电子器件，它们分别代表数字符号"0"或"1"。同样，数的正负号也只能通过 0 和 1 来表达。我们通常用机器数中规定的符号位（一般是这个数的最高位）取 0 或 1，来分别表示其真值的正或者负。例：一个 8 位的机器数，如果最高位是符号位，则+46 和-46 分别表示成 00101110 和 10101110。

三、小数点位置的表示方法

根据约定的小数点位置是否固定，分为定点表示法和浮点表示法两种情况。机器数有不同的表示方法，常用的有原码、反码、补码和移码等。

（一）原码

原码是最简单的一种机器数表示方法，表示规则：最高位（最左边一位）表示数的符号："0"表示正号，"1"表示负号；其余各位表示数的大小，即这个数的绝对值。原码表示简单易懂，与真值转换方便，用于乘除运算十分方便。

（二）反码

反码表示规则为：数的各位按其真值变反（即0变作1，1变作0）。反码很少直接应用于计算机中，它主要用作真值求补码的一个过渡手段。

（三）补码

补码表示规则为：正数的补码即取它本身来代表。补码在做加减法运算时，是将符号位同数值部分作为一个整体参加运算，同时可将加法和减法统一成加法运算。因此现代计算机大多使用补码形式的机器数。

（四）移码

移码的符号位与补码符号位表示相反，即1为正、0为负。移码主要用于表示浮点数中的阶码。例：设某机器数的位数是8，则+72的原码、补码都是01001000；而-72的原码是11001000，补码是10111000。

四、表示带有小数点的数的方法

(一) 定点表示法

在定点表示法中，约定所有数据的小数点隐含固定在某个位置，该位置在计算机设计时已经确定，无须再用其他状态来明显地表示小数点。这样的数被称为定点数。只能处理定点数的计算机被称为"定点机"。

一般情况下，可把小数点位置固定在数的任何一个位置。但常用的形式有两种：

(1) 将小数点位置固定在数的最高位之前，使机器所表示的数是纯小数。

(2) 将小数点位置固定在数的最低位之后，使机器所表示的数为纯整数。

(二) 浮点表示法

浮点表示法中，数据的小数点位置不是固定不变的，而是可浮动的。对于浮点数而言，其小数点位置必须在数中确定地给出。可知，任意一个实数，在计算机内部都可以用"阶码"和"尾数"（纯小数）两部分来表示。这种表示方法即为浮点表示法。由于阶码可以选用不同的编码（原码、补码等），尾数的格式和小数点的位置也可以有不同的规定，所以，浮点数的表示方法不是唯一的。

定点表示法所能表示的数值范围非常有限，而采用浮点表示法，同样的位数可以表示更大范围的数。但浮点运算规则比较复杂，电路实现时需要较多的设备。一般的计算机中，既采用定点表示，也采用浮点表示。

　　不同的数码不仅可以用来表示数量的大小，还可以用来表示不同的事物或事物的不同状态。在用于表示不同事物的情况下，这些数码已经不再具有表示数量大小的含义了，它们只是不同事物的代号而已。此时，这些数码称为代码。例如，在举行长跑比赛时，为便于识别运动员，通常要给每一位运动员编个号码。显然，这些号码仅仅表示不同的运动员而已，没有数量大小的含义。

　　为了便于记忆和查找，在编制代码时总要遵循一定的规则，这些规则就称为码制。每个人都可以根据自己的需要选定编码规则，编制出一组代码。考虑到信息交换的需要，还必须制定一些大家共同使用的通用代码。例如，目前国际上通用的美国信息交换标准代码（ASCII 码）就属于这一种。

第八章 正弦交流电路

第一节 正弦交流电路的基本概念

电流、电压的大小或方向随时间变化的电路，叫作交变电流电路，简称交流电路。一般意义的交变电流和电压，随时间变化的规律可能是很复杂的，而我们这里讨论的电流（电压）是按照正弦规律变化的电路，叫作正弦交流电路，简称正弦电路。

正弦电路中的物理现象，要比直流电路复杂得多，因为随着电流、电压的变化，电路周围的电场，磁场也随时间而变化。所以不仅要考虑电流流过电阻引起的热效应，而且还须考虑电磁感应和变化电场引起的效应。就是说，既要讨论电阻元件的电流电压关系，还要讨论反映磁场效应的电感元件和反映电场效应的电容元件。这两种元件中电流与电压的关系，不是代数关系而是导数或积分关系。因此描述正弦电路性状的将是微分或微分-积分方程（或方程组）。求解这类方程组，要比求解电阻电路的代数方程组困难。

但是，自从提出用复数表示正弦函数的相量法以后，这个问题就基本得到解决。相量法在正弦电路稳态分析中，具有十分重要的地位。

正弦电流（电压）是交变电流（电压）中，变化规律最简单的一种。它和物理学中的简谐运动一样。正弦电流（电压）具有许多特点。例如：正弦电流（电压）对时间的导数或积分，仍然是时间的正弦函数；几个同频率正弦电流（电压）之和与差，也是同频率的正弦电流（电压）；特别是周期性非正弦电流（电压）可以分解为一系列不同频率的正弦电流（电压）之和，等等。这些特点不仅使正弦电路的稳态分析得以简化，而且使正弦电路理论成为分析周期性非正弦电路的理论基础。

在单一电源激励的直流电路中，部分电路或元件的电流（电压），必定小于总的激励电流（电压）。但在正弦电路中，却可能出现部分电流（电压）大于总电流（电压）的现象。电感和电容元件还具有移相作用，它们所呈现的阻力虽然与电流（电压）无关，却与频率有关。这些性质与现象，将引起人们极大的兴趣，在工程上也有实际意义。

由于交流电易于产生、传输和使用，因此被广泛应用于生产和生活中，如电机拖动、电视机和电冰箱等均使用交流电。另外，某些行业需要的直流电，多数是由交流电变换得到的，因此，分析交流电路是电工技术领域中的重要部分。

大小和方向随时间按正弦规律变化的电压、电流、电动势，称为正弦交流电。正弦交流电是最常用的交流电，是目前供电和用电的主要方式。正弦电压、电流、电动势统称正弦量，正弦量的量值是时间 1 的正弦函数。以电压为例，画波形图时，横坐标可用时间 t 表示，也可用电角度 wt 表示。在生产上和日常生活中广泛使用的交流电，都是正弦交流电。因此，正弦交流电路是机床电路课程中非常重要的一个部分。主要内容有正弦交流电的基本概念，正弦交流电的表示方法，正弦交流电路的分析以及交流电路的频率特性等。由于正弦交流电路中的物理量是按正弦规律变化的，因此，电路中的电流和电压是随时间交替变化的，这一点要区别于直流电路。

如果电路中所含的电源都是交流电源，则称该电路为交流电路。交流电压源的电压以及交流电流源的电流都是随时间做周期性的变化，如果这一变化方式是按正弦规律变化的，则称为正弦交流电源。

第二节　正弦量的表示方法

正弦交流电路相量表示的基础是复数，相量表示法就是用复数来表示正弦量。正弦量不是复数，为了区别于复数，把表示正弦量的复数称为相量。因此相量表示法只是一种分析方法。

前面说过正弦交流电路中的电物理量是同频率的，但相位往往是不同的。无论是用三角函数法，还是用波形作图法来描述，都给分析和计算带来一定的困难。因为前者需要用到三角函数的运算，在计算上比较烦琐；而后者需要逐点描述，既费时又不准确。为了简化电路的分析运算，行之有效的方法是采用相量表示法。因为在同频率的正弦交流电路中，正弦量实际只有两个要素：一是最大值；二是初相角。这自然会想到复数中有关模值和幅角的概念，正弦量的相量表示法的基础，正是基于正弦函数与复数函数的映射关系。

一、解析式表示法

用正弦函数式表示正弦量周期性变化规律的方法称为解析式表示法，简称解析法。

（二）波形图表示法

用正弦函数曲线表示正弦量周期性变化规律的方法称为波形图表示法，简称波形图或图像法。一般地，横坐标表示时间（或电角度），纵坐标表示正弦量（电流、电压或电动势）。

（三）相量表示法

所谓相量表示法，就是利用复数和正弦量之间一一对应的关系，用复数表示同频率正弦量的方法。正弦量常用复数极坐标形式的相量表示（也可用其他形式表示，如加减法运算时常表示为代数形式）。一个复数有模和幅角两个特征，复数的模表示正弦量的有效值，幅角表示正弦量的初相，而对应的相量则用大写字母并在其上加点表示。采用相量法表示正弦量，目的是将正弦交流电路分析时的三角函数运算转变为较为简捷的复数运算。

（四）相量图表示法

复数可以用复平面上的矢量表示，同样相量也可以用复平面的相量来表示。用有向线段长度表示正弦量的有效值或最大值（一般情况下表示有效值），用有向线段与横轴正方向的夹角表示正弦量的初相位，这种在复平面上表示正弦量的方法，称为相量图表示法，这种图形叫作相量图。在相量图上能形象地看出各个正弦量之间的大小及相位关系，同时对于正弦量的加减运算，就可以用相量合成的方法（如平行四边形或三角形的方法），使运算变得直观和简单。

第三节　单一参数电路元件的交流电路

在交流电路中，只要有电流流动，电路就会对电流产生一定的阻碍作用，即有电阻作用。另外，因交流电不断变化，使其周围产生不断变化的磁场和电场，在变化的磁场作用下，线圈会产生感应电动势，即电路中有电感的作用。同时，变化的电场要引起电路中电荷分布的改变，即电路中有电容的作用。因此，在对交流电路进行分析计算时，必须同时考虑电阻 R、电感 L、电容 C 三个参数对电路的影响。由电阻、电感、电容单一参数电路元件组成的正弦交流电路，是最简单的交流电路。

一、电阻电路的功率

（一）瞬时功率

电阻在任一瞬时消耗的功率称为瞬时功率。它等于任一瞬时电压和电流的乘积。

（二）平均功率（有功功率）

瞬时功率无实用意义，通常用一个周期内瞬时功率的平均值来表示功率的大小，称为平均功率或有功功率，用大写字母 PR 表示。电阻元件实际消耗的电能等于平均功率乘以通电时间。

二、电感元件的正弦交流电路

电感元件在电工技术中应用很广泛，如变压器的线圈、电动机的绕组等。线圈中的导线是有电阻的，但当电阻相对电感很小时，就可以认为该线圈是纯电感线圈。

第四节　三相交流电路

一、三相交流电路概念

三相交流电路是由三相交流电源和三相负载构成的复杂正弦交流电路。产生对称三相电压的设备称为三相电源，如三相交流发电机；负载也多为三相负载，如三相交流电动机；输电线路和其他设备，如电力开关、输电变压器等，也制造成了三相控制模式。三相交流电源中的每一相都是正弦交流电，正弦稳态电路可以看作是三相电路中的某一相，也称为单相交流电路。三相电路是电路分析法在工程方面的一个重要的应用实例，它实质上是复杂交流电路的一种特殊类型。

三相定子绕组空间 120° 对称分布，带有励磁线圈的转子在外力的作用下旋转，三相定子绕组切割转子产生的磁力线，产生感应电动势，形成三相电源。三相电源是具有 3 个频率相同、幅值相等，初相位依次相差 120° 的正弦电压源组成，按一定方式连接而成，这组电压源称为对称三相电源。用三相电源供电的电路就称为三相交流电路。工程上把三相电源的参考正极分别标记为 A、B、C，负极分别标记为 X、Y、Z。三相电源中，各相电压经过同一值（例如最大值）的先后次序称为三相电源的相序。

假设把 A 相作为第一相、B 相作为第二相、C 相作为第三相，如果

A 相比 B 相领先 120°、B 相又比 C 相领先 120°，那么通常称这种 A—B—C 相序为正序或顺序。相反，如果第一相滞后于第二相、第二相滞后于第三相，那么称这种相序为负序或逆序。通常如无特别说明，三相电源都认为是正序。在实际工作中，人们可以改变三相电源的相序来改变三相交流电动机的旋转方向。

对称三相电源以一定方式连接起来就形成三相电路的电源。通常的联结方式是星形联结（也称 Y 联结）和三角形联结（也称△联结）。

二、三相交流电路优点

（1）发电方面，其功率比单相电源功率可提高 50%；

（2）输电方面，比单相输电节省 25%的钢材；

（3）配电方面，三相变压器比单相变压器经济且便于接入负载；

（4）用电设备方面，其结构简单、成本低、运行可靠、维护方便等。

研究三相交流电路要注意其特殊性，即特殊的电源特殊的负载、特殊的连接、特殊的求解方式。

三、相与线的关系

为了研究三相交流电路中电流、电压的相量与线量之间的关系，从基本概念出发，并针对一些例题进行讨论，总结出：三相交流电路中三相负载不同的连接有着不同的相与线关系，它们总有一量相与线是相同的，而另一量也有着一定的数值和相位关系。该结论可为三相交流电路的分析计算提供方便。

（一）相与线的概念

在学习"三相交流电路"之时，首先应该理解相量与线量的概念。有了清晰准确无误观念，才能理解好它们之间的关系，并正确地进行三相交流电路的分析与计算。在三相交流电路中，电流有相电流和线电流之分，电压有相电压和线电压之分，它们是分别这样定义的。

（1）电流是表述通过某一条支路电流的大小和方向的物理量。相电流指的是通过每相负载或每相电源绕组的电流，而线电流指的是通过每一相线（也称端线）的电流。

（2）电压是表述电路中两点之间的电压的大小和方向的物理量。相电压为每相负载或每相电源绕组之间的电压，而线电压为相线与相线之间的电压。有了清晰的相量与线量的概念之后，就可以进行分析它们之间的关系了。

（二）相与线的关系

三相交流电路中，根据三相电源和负载的实际情况和需要，三相电源绕组和三相负载可以采用星形或三角形连接，连接原则是使每相负载所承受的电压为其额定电压，从而保证负载工作在额定状态下。在不同的连接法中，其相与线之间的关系是不同的。

第九章　电子电路常用元器件

电子电路由无源元件和有源器件组成。无源元件包括电阻器、电容器和电感器。它们只能消耗或贮存能量，而不能提供能量。有源器件包括电子管、晶体管和集成电路等，它们能将独立源的能量转换成电路中其他元器件所需要的能量，简言之，它们能提供能量。为了能合理地选择和使用元器件，必须对它们的性能和规格有一个完整的了解。

第一节　电阻器

电阻器是电子产品中使用最多的电子元件，常用的电阻有碳膜电阻、金属膜电阻、金属氧化膜电阻、实心电阻和绕线电阻。电阻在电路中的主要作用为分流、限流、分压等。

一、电阻器的分类

（一）实心碳质电阻器

实心碳质电阻器用碳质颗粒状导电物质、填料和黏合剂混合制成一个实体的电阻器。这种电阻器的特点是价格低廉，但其阻值误差、噪声电压都大，稳定性差，目前较少用。

（二）绕线电阻器

绕线电阻器用高阻合金线绕在绝缘骨架上制成，外面涂有耐热的釉绝缘层或绝缘漆。绕线电阻器具有较低的温度系数，阻值精度高，稳定性好，耐热耐腐蚀，主要做精密大功率电阻器使用，缺点是高频性能差、时间常数大、体积比较大。由于绕线电阻器对温度的变化不敏感，所以在适用于电阻的精度很高、温度很宽的电路条件中。

（三）薄膜电阻器

用蒸发的方法将一定电阻率材料蒸镀于绝缘材料表面制成。这种电阻器可分为以下几种：

1. 碳膜电阻器

碳膜电阻器是将结晶碳沉积在陶瓷棒骨架上制成的，其特点是成本低、性能稳定、阻值范围宽、温度系数和电压系数低，目前常应用在音响电路中。

2. 金属膜电阻器

金属膜电阻器是用真空蒸发的方法将合金材料蒸镀于陶瓷棒骨架表面制成的。金属膜电阻比碳膜电阻的精度高、稳定性好、噪声温度系数小，是目前电路实验当中用得最多的一类电阻，可以非常方便地安装在电路中，调试方便。

3. 金属氧化膜电阻器

金属氧化膜电阻器是在绝缘棒上沉积一层金属氧化物。由于其本身即是氧化物，所以高温下稳定，耐热冲击，负载能力强。缺点是在纯直流电路里面，容易发生电解氧化还原，这时性能会相对不稳定一些，耐压值相对来说也会低一点。

4. 合成膜电阻器

合成膜电阻器是将导电合成物悬浮液涂敷在基体上而得到，因此也称漆膜电阻器。由于其导电层呈现颗粒状结构，所以其噪声大、精度低，主要用来制造高压、高阻、小型电阻器。

（四）铝壳电阻器

铝壳电阻的功率是非常大的，在 2 W 或以上，其最大的特点是可以承载很大的功率，所以对散热要求比较高，因此其外壳是铝制的。在电源电路里面会经常用到，在调试一个电源电路里，往往把它当作一个假负载来使用。在功率电路中也会遇到这种铝壳电路，最大的特点是可以承载很大的功率。

（五）敏感电阻器

敏感电阻器是指元件特性对温度、电压、湿度、光照、气体、磁场、压力等作用敏感的电阻器。

1. 压敏电阻器

压敏电阻器主要有碳化硅和氧化锌压敏电阻器，氧化锌压敏电阻器具有更多的优良特性。

2. 湿敏电阻器

湿敏电阻器由感湿层、电极、绝缘体组成。湿敏电阻器主要包括氯化锂湿敏电阻器、碳湿敏电阻器、氧化物湿敏电阻器。

3. 光敏电阻器

光敏电阻器是电导率随着光量力的变化而变化的电子元件，当某种物质受到光照时，载流子的浓度增加从而增加了电导率，这就是光电导效应。

4. 气敏电阻器

气敏电阻器是利用某些半导体吸收某种气体后发生氧化还原反应制成，主要成分是金属氧化物，主要品种有金属氧化物气敏电阻器、复合氧化物气敏电阻器、陶瓷气敏电阻器等。

5. 力敏电阻器

力敏电阻器是利用半导体材料的压力电阻效应制成的一种阻值随压力变化而变化的电阻器。所谓压力电阻效应即半导体材料的电阻率随机械应力的变化而变化的效应，可用于制作各种力矩计、半导体话筒、压力传感器等。力敏电阻器的主要品种有硅力敏电阻器，硒碲合金力敏电阻器，相对而言，合金电阻器具有更高灵敏度。

（六）贴片电阻器

贴片电阻器也称片状电阻器，它是金属玻璃釉电阻器的一种形式，其电阻体是高可靠的钌系列玻璃釉材料经过高温烧结而成，电极采用银钯合金浆料。这种电阻器体积小，质量轻，精度高，稳定性好，可靠性高。由于其为片状元件，所以高频性能好，适应于再流焊与波峰焊，装配成本低，机械强度高并与自动装贴设备匹配。贴片排阻在数字电路里面应用比较多，可简化电路结构，直接用一个排阻就可以替代原来 8 只或更多电阻的排列结构。

1. 贴片电阻器的性能指标

贴片电阻的主要性能指标包括：封装尺寸、标称、阻值、允许偏差、额定功率、温度系数、频率特性、最高耐压、可靠性等。这里只介绍封装尺寸与额定功率这两种常见的性能指标。按照日本的工业标准（JIS），贴片电阻尺寸分为 7 个标准，即 1005（0402）、1608（0603）、2012（0805）、3216（1206）、3225（1210）、5025（2010）和 6432（2512）。

尺寸代码由 4 个数字组成，有两种表示方法：英制和公制，目前常用的英制代码。以 0603 为例：06 表示长度为 0.06 英寸、03 表示宽度为 0.03 英寸；其对应的公制代码为 1608，即长度为 1.6mm，宽度为 0.8mm。目前应用最广的是 0805 和 0603 两种。

贴片电阻器的额定功率是指电阻器在一定的气压和温度下长期连续工作时所允许的承受的最大功率。贴片电阻器的额定功率与其封装外形及材料特性有关，而与电阻的阻值无关。

2. 贴片电阻器标称阻值的标注方法

主要有直标法、代码法、色标法三种。其中直标法主要应用于体积较大的贴片电阻器，代码法主要应用于体积较小的贴片电阻，而色标法主要应用于圆柱形贴片电阻。

二、电阻器的代换与修复

在日常生活中我们所用到的电阻器有碳膜、金属膜、金属氧化膜、保险熔断、线绕、消磁热敏、压敏等类型的电阻器。由于不同类型电阻器的材料工艺及其性能参数的不同，所应用电路工作要求的不同，所以其代换修复的方法也不同。

（一）普通电阻器的代换与修复

常用电阻器的代换与修复方法一般有如下几种。

（1）电阻器烧毁时，一定要查明损坏的原因，分析清楚电路故障，不应盲目地更换电阻，更不能将电阻的功率随意加大，以免将故障范围扩大。

（2）电阻代换时，一般不应以功率较小的电阻代换功率较大的电阻，例如用 1W 的电阻代换 2W 的电阻。但是，对于小功率的电阻（指 1/4W、1/8W、1/16W 电阻）有时可以灵活掌握选用。例如电视机中的场行扫描电路、视频放大电路及音频放大电路中的小功率（碳膜或金属膜电阻）电阻大都采用 1/4W；使用在高频头、通道中放、伴音中放、AGC 等电路中用作偏置信号分压、去耦、射极负反馈的电阻，均可用 1/8W 甚至 1/16W 电阻代换。

（3）金属膜电阻与碳膜电阻在一般应用场合均可互换，只要考虑功率参数即可。因为金属膜电阻的温度特性、误差范围均比碳膜电阻好，所以用金属膜电阻代换碳膜电阻更好些。对于高频调谐电路、振荡电路中所用的金属膜电阻，不宜用碳膜电阻代换，应选用同型号的电阻。

（4）电源电路中所用的降压、分流偏置电阻，电源去耦电阻，信号限流电阻，工作在甲类放大状态的晶体管发射极负反馈电阻，只要阻值误差在 20% 以内，一般均不会破坏电路的工作特性和指标。用于分压、分压取样、分流集电极负载等的电阻，要求其阻值不应有较大的误差。

（5）在调换处理焊接高频头、中放通道电路的小功率电阻时，电阻引线焊接宜短不宜长，最好爬板焊接，以免引起高频干扰。

（6）电阻的引出线折断，可以采用将引线端处理干净后焊接的方法修复。但要注意对于碳膜电阻不要焊接时间过长，以免过热后使其阻值改变或损坏。对电阻体本身损坏的电阻，一般无法修复，只好更换。

（二）保险电阻的代换方法

保险电阻一般接在家用电器电源，电路中。保险电阻的作用主要有两个：是限流作用，可以在一定范围内限制电源电路的工作电流；二是保险作用，在电源电路承受严重过负载的情况下，可以使其熔断，起到保护作用。保险电阻损坏后可按原型号参数选择后更换，也可以用一个电阻和一个保险丝管串联起来代换。

（三）电位器的代换与修复

1. 代换

在找不到同一型号规格的电位器进行替换的情况下，可以采用类似的电位器进行代换。在代换时，首先应满足耐压、功率不小于原电位器的要求。如果没有同阻值的代用件，代换的原则是：在电路中原电位器的中心引出片与其他一个引出片短接，即只用两个端点的情况下代用的电位器的阻值允许值较原来的小一些，例如串联在信号通路中的幅度电位器、放大电路中的偏置电位器、负反馈电位器等；在原电路使用三个端点的情况下只允许代用电位器的阻值较原电位器大一些，例如音量电位器、对比度电位器饱和度调节电位器等。

2. 电位器的修复

家用电器中使用的各种类型电位器，除机械转动部分、电阻片引出端等部位严重损坏、需更换新品外，一般情况下是可以通过修复继续使用的。

常用的修复方法如下：

（1）电位器接触不良。电位器出现接触不良故障时，将会对音量亮度、饱和度、对比度、行频、场频、行幅度、场幅度等使用功能造成严重影响，即无法调整至最佳工作状态。

不论接触不良是由何种原因引起的，均可按以下步骤修理：将电位器拆开，解出电阻片和弹性接触片，然后用药棉球蘸无水酒精反复擦洗电阻片和弹性接触片，以清除它们上面黏附的各种杂质。擦洗时还应不时地转动活动臂，以尽量使隐蔽处的杂质被清除掉。擦洗完毕，待酒精挥发后再开机试验。如果故障消失，就可继续使用了；如果仍有故障，则应将电位器调到一个能使伴音发出较稳定音量的位置上（如果是亮度、饱和度、对比度、场行频等电位器，可调在亮度、色度、或图像处于较稳定的位置），然后用镊子轻轻拨动电位器的三个引出片，如果伴音发出声音改变并有杂音，同时感到引出片松动，就应从电路中取下电位器，重新将引出片铆紧，然后要用万用表检查一下接触情况。如果表针指示随着主轴慢慢地旋转而摆动，阻值平稳变化，则说明接触良好；如果指针出现跳跃，时通时断或到不了的现象，就表明仍接触不良。修理时可用镊子拨动弹簧接触片，使其触点在电阻片上的位置改变（即离开原摩痕）或增加触点对电阻片的压力。

进行这项修理时，需将主轴连带弹性接触片拆下，否则不易修复，特别是故障较严重时更是如此。在拆出主轴后，最好用酒精清洗一下电阻片。在检查引脚无松动的情况下，也应拆下电位器．除了不需要铆引脚片外，修理方法同上述方法一样。

（2）电位器断路。电位器断路是指其三个引线端引脚中有与电阻片完全脱离接触的故障。该故障现象可直观地或用万用表方便地检查出。电位器断路故障常见的原因为电阻片断裂或引脚的铆接严重松动。修复中只要调换电阻片或铆紧引脚即可。

（3）电位器漏电。电位器受到水分、潮气或盐雾等侵蚀时，引脚间或电位器内部就会发生漏电或短路现象。该故障现象与潮湿程度及电路工作电压有直接关系。检修中要晾干电位器中的水分或潮气；如发现电位器中沾有较多的油状污垢，可用无水酒精擦洗，且擦洗干净后要注意晾干其水分和酒精，直至消除漏电为止。

（4）微调电位器接触不良。家用电器中用到了各种类型的微调电位器，微调电位器的最常见的故障也是接触不良，用万用表测量其阻值时，很不稳定，用小改锥伸进调节槺进行调节时万用表指针指示的电阻值忽大忽小。这种故障大多是因电阻片磨损所致，修理中可参考电位器的修理方法进行。由于微调电位器的引脚与电阻片的连接大多数是不用铆钉的而是将引脚直接包紧在电阻片上，所以当引脚松动时，应用尖嘴钳轻轻夹紧。如发现弹性接触片接触不良，可用镊子进行校正有些微调电位器的引脚与电阻片的连接是用铆钉连接的，其修复方法同电位器的修理方法一样。

（5）微调电位器其他故障的修复。微调电位器也同样会产生漏电或断路的故障。产生漏电故障的原因及修理方法同电位器相同。产生断路故障的原时大多是弹性接触片的触点与电阻片脱开所致。修理中可拆下弹性接触片进行清洗、砂光和整形，使其装上后与电阻片保持良好的接触。

微调电位器一般均安装在机器内部的线路板上，出厂调试完毕后均封死，正常使用中很少调节。由于长时间使用而受到尘埃、潮气有害气体的侵蚀，造成弹性接触片严重锈蚀的微调电位器，应更换新品。

三、电阻器的主要技术指标

（一）额定功率

电阻器在电路中长时间连续工作不损坏，或者不显著改变其性能所允许消耗的最大功率称为电阻器的额定功率，也是它在电路中工作允许消耗功率的限额。电阻器的额定功率也有标称值，常用的有 1/8、1/4、1/2、1、2、3、5、10、20 W 等。选用电阻器的时候，要留一定的余量，选标称功率比实际消耗的功率大一些的电阻器。比如实际负荷 1/4 W，可以选用 1/2 W 的电阻器。不同的电阻器有不同系列的额定功率。一般来说，实心电阻器的额定功率为：0.25、0.51、2、5。绕线电阻器的额定功率为：0.5、1、2、6、10、15、25、35、50、75、100、150 薄膜电阻器的额定功率为：0.025、0.05、0.125、0.25、0、5、1、2、5、10、25、50、100。

（二）标称阻值

电阻器的阻值是电阻器的主要参数之一，不同类型的电阻器，阻值作用不同，不同精度的电阻器其阻值系列也不相同。

（三）精度

电阻器实际阻值与标称阻值的相对误差称为精度。普通电阻器的精度可分为±5%、±10%、±20%等，精密电阻的精度可分为±2%、±1%、±0. 050%……±0. 01%等十多种系列。

（四）温度系数

所有材料的电阻率，都随温度变化而变化，电阻器亦然。常使用温度系数来衡量电阻器温度稳定性。金属膜电阻器、合成膜电阻器具有较小的正温度系数，碳膜电阻具有负温度系数。

（五）非线性

流过电阻器中的电流与加在两端的电压不成比例变化时称该电阻器为非线性电阻。一般来讲金属型电阻器线性度较好，非金属型电阻器线性度差。

（六）噪声

噪声为产生于电阻器中的一种不规则电压，它包括热噪声和电流噪声两种。任何电阻器都有热噪声，降低电阻器的工作温度可以减少热噪声。电流噪声与电阻器内的微观结构有关。

（七）极限电压

电阻器两端电压增加到一定值时，可使电阻器过热，致使电阻器损坏。当电阻器两端所加电压升高到不允许再增加时的电压，称为极限电压。

第二节　电容器

电容器由两个金属极板，中间夹有绝缘材料（介质）构成。电容器在电路中具有隔直流电。通过交流电的作用，因此常用于级间耦合、滤波、去耦、旁路及信号调谐等场合。

一、电容器的主要特性指标

（一）电容器的耐压

每个电容器都有它的耐压值。耐压值是指长期工作时，电容器两端所能承受的最大安全工作直流电压。普通无极性电容器的标称耐压值有 63 V、100 V、160 V、250 V、500 V、630 V、1 000 V 等，有极性电容的耐压值相对无极性电容的耐压值要低，一般的标称耐压值有 1.6V、4V、6.3 V、10V、16V、35 V、50V、63 V、80 V、100 V、220 V、400 V 等。

（二）电容器的漏电电阻

电容器两极之间的介质不是电导率为零的绝缘体，其阻值不可能无限大，通常在 1 000 MΩ 以上。电容器两极之间的电阻定义为电容器的漏电电阻。漏电电阻越小，电容器漏电越严重，漏电会引起能量的损耗，这种损耗不仅影响电容器的寿命，而且会影响电路的正常工作，因此电容器的漏电电阻越大越好。

（三）电容器的标称容量值

电容器标称容量值的表示方法有直接表示法、数码表示法和色码表示法。

1. 直接表示法

直接表示法通常使用表示数量级的字母，如 μ、n、p 等加上数字组合而成的。例如，4n7 表示 $4.7 \times 10^{-9}F = 4700$ pF，47n 表示 $47 \times 10^{-9}F = 47000$ pF，6p8 表示 6.8pF。另外，有时在数字前冠以 R，如 R33，表示 0.33 μF。有时用大于 1 的数字表示，单位为 pF，如 2200，则为 2200 pF；有时用小于 1 的数字表示，单位为 μF，如 0.22，则为 0.22 μF。

2. 三位数码表示法

三位数码表示法一般用三位数字来表示容量的大小，单位为 pF。前两位为有效数字，后一位表示倍率，数字是几就加几个 0，但第三位数字是 9 时，则对有效数字乘以 0.1。如 104 表示 100 000 pF，223 表示 22 000 pF，479 表示 4.7 pF。

3. 色码表示法

色码表示法与电阻器的色环表示法类似，颜色涂在电容器的一端或从顶端向另一侧排列。前两位为有效数字，第三位为倍率，单位为 pF。有时色环较宽，如"红红橙"，两个红色环涂成一个宽的，表示 22000pF。

二、电容器类型

（一）有机介质电容器

1. 纸介电容器（型号 CZ）

它是以纸作为介质，以金属箔作为电容器的极板卷绕而成的电容器。其特点为容量范围和耐压范围宽，成本低，但体积大，因而只适用于直流或低频电路中。

2. 金属化纸介电容器 （型号 GT）

它是在电容纸上蒸发一层金属薄膜作为电极，然后烧制而成的电容器。它的参数与纸介电容器基本一致，但体积小。

3. 有机薄膜电容器

此种电容器在结构上与纸介电容器基本一致，其介质是有机薄膜（如涤纶、聚丙烯等）。这种电容器无论体积、重量还是电参数，都比纸介电容器优越得多。

（二）无机介质电容器

1. 瓷介电容器 （型号 CC）

瓷介电容器按其性能可分为低压小功率（低于 1 kV）和高压大功率（高于 1 kV）两种，低压小功率电容器常见的有瓷片、瓷管、瓷介独石等类型。这种电容器体积小、重量轻、价格低廉，在普通电子产品中应用广泛。但其容量范围较窄，一般为几 pF 到 0.1 μF 之间。

2. 云母电容器 （型号 CY）

云母电容器具有损耗小、可靠性高、性能稳定、容量精度高等优良电参数，它被广泛用于高频和要求高稳定度的电路中。云母电容器容量范围一般为 4.7 ~ 47000 pF，最高精度可达 ±0.01% ~ ±0.03%，直流耐压通常为 100 ~ 5000 V，最高可达 40 kV。长期存放后容量变化小于 0.01% ~ 0.02%。这种电容器可用于高温条件下，最高环境温度可达 460℃。

3. 玻璃电容器

这种电容器具有良好的防潮性和抗震性，能在 200℃ 高温下长期稳定工作，其稳定性介于云母与瓷介电容器之间，其体积只有云母电容器的几十分之一。

（三）电解电容器

电解电容器以金属氧化膜为介质，以金属和电解质作为电容器的两极。金属为正极，电解质为负极。使用电解电容器时应注意极性，同时不能将电解电容器用于交流电路。由于电解电容器的介质是一层极薄的氧化膜，因而在相同容量和耐压条件下，其体积比其他电容器要小几个或十几个数量级，特别是低压电容器更为突出，这是任何电容器都不能与之相比的特点。在要求大容量的场合，均选用电解电容器。电解电容器的缺点也比较明显，损耗大，温度、频率特性差，绝缘性能差，漏电流大，长期存放容易干涸、老化等，因而除体积较其他电容器小以外，任何性能均远不如其他类型的电容器。常见的有铝电解电容、钽电解电容等。

1. 铝电解电容器（型号 CD）

铝电解电容器是使用最多的一种通用型电解电容器，其额定电压一般为 6.3~500 V，容量为 0.33 ~4700 μF。

2. 钽电解电容器（型号 CA）

由于钽及其氧化膜的物理性能稳定，因而铝电解电容器比铝电解电容器的漏电小、寿命长，长期存放性能稳定，温度、频率特性好。但它比铝电解成本高，额定电压低（最高只有 160V）。这种电容器主要用于一些电性能要求较高的电路，如积分电路、计时电路、延时开关电路等。钽电解电容器分有极性和无极性两种。

（四）可变电容器

1. 微调电容器

这种电容器的特点是用螺钉调节两极金属片的距离以改变电容量，适用于如收音机等的振荡或补偿电路中。

2. 同轴可变电容器

其特点是定片组与支架一起固定，动片组联旋柄可自由旋动。这种电容器多用于收音机中。

三、电容器的选用

电容器种类繁多，性能各异，选用时应考虑如下因素。

（一）额定电压

不同类型的电容器有其不同的电压系列，所选电容器必须在其系列之内，此外所选电容器的额定电压一般应高于电路中施加在电容器两端电压的 1~2 倍。但在选用电解电容器时，特别是液体电解质电容器，限于自身结构特点，对其额定电压的确定一般不要高于实际电压的 1 倍以上，一般应使电路中实际承受电压为被选电容器额定电压的 50% ~ 70%，这样才能充分发挥电解电容器的作用。不论选用何种电容器，都不得使电容器耐电压值低于电路中的实际电压，否则电容器将会被击穿。

（二）标称容量及精度等级

各类电容器均有其标称值系列及精度等级。在确定容量时，根据设计电路计算的容量值，选定一个靠近的系列容量值的精度等级，因为不同精度的电容器价格相差很大。

（三）介质损耗参数

电容器损耗角的正切值可表示电容器的介质损耗，电容器损耗角的正切值依据介质材料的不同相差很大，该值对电路性能（特别是高频电路）影响也很大，可直接影响整机的技术指标。因此在高频电路或对信号相位要求严格的电路中应考虑该值的大小。

（四）体积

相同耐压及容量的电容器可以因介质材料不同，使体积相差几倍甚至几十倍。在电路设计中，特别是在设计印制电路时，在满足电路设计要求的前提下，应选用体积小的电容器。

（五）成本

在满足技术指标条件下，尽量使用价格低的电容器，以降低系统成本。

四、电容器的使用方法及注意事项

（1）在电容器使用之前，应对电容器的质量进行检查，以防不符合要求的电容器装入电路。

（2）在设计元件安装时，应使电容器远离热源，否则会使电容器温度过高而过早老化。在安装小容量电容器及高频回路的电容器时，应采用支架将电容器托起，以减少分布电容对电路的影响。

（3）将电解电容器装入电路时，一定要注意它的极性不可接反，否则会造成漏电流大幅度地上升，使电容器很快发热而损坏。

（4）焊接电容器的时间不宜太长，因为过长时间的焊接会使热量通过电极引脚传到电容器的内部介质上，从而使介质的性能发生变化。

（5）电解电容器经长期储存后需要使用时，不可直接加上额定电压，否则会有爆炸的危险。正确的使用方法是先加较小的工作电压，再逐渐升高电压直到额定电压并在此电压下可正常使用。

第三节　电感器

电感器被称为电感、电感元件，和电容器一样是一种储能元件。电感器可以把电能转变为磁场能。电感器的结构类似于变压器，核心都是线圈，但电感器只有一个绕组，电感线圈通常是由漆包线或纱包线等带有绝缘表层的导线绕制而成，少数电感元件因圈数少或性能方面的特殊要求，采用裸铜线或镀银铜线绕制。电感器能够阻碍电流的变化。

电感器用符号 L 表示，经常和电容器一起工作，构成 LC 滤波器、LC 振荡器等。另外，人们还利用电感器的特性，制造了扼流圈、变压器、继电器等。

一、电感器的选用

（一）电感器的规格

电感器的规格主要是指电感器的类型、制作工艺和性能参数，在对电感器进行代换之前，要保证电感器规格与原电感器一致。电感器的种类多样，不同类型的电感器制作工艺和性能参数也各不相同。因此，若对电感器进行代换之前，首先要了解待更换电感器的类型、制作工艺和具体性能参数，确保代换的电感器符合产品要求。在进行代换时，应遵循一定的原则。

（1）用两个电感器串联和并联的方式可以代替一个电感器。如用两个 $50\mu H$ 的串联电感器代替一个 $100\mu H$ 的电感器，这样做还可提高输出电流。

（2）在滤波电路、扼流圈电路中电感量的大小要求不严格，但直流电阻不能大于原电感器。

（3）在谐振电路中的电感器要求很严格，必须使用与原参数相同的电感器件进行代换。

（4）电感线圈必须用参数相同的进行代换。

（5）色环和色码电感需用同型号，且标称电感量相同的进行代换。

（6）对于贴片式电感器，应根据规格参数或产品的要求代换。一般情况下，我们可以从电感器的电路特征和外形特征方面对电感器进行识读。

根据电感器在电路中的特征识读就是通过电路特征识读电感器，就是指依托电路图来判断待更换电感器的规格。一般情况下，电感器在电路中的标识为"L"，电感器种类不同，其电路符号有所差异。若发现不良的电感器需要代换时，在电路图中找到待更换的电感器的符号，然后根据其电路符号和名称标识（参数），就可以判断出该电感器属于何种类型的电感器。此外，在电感器的电路符号和名称标识处，通常会有该电感器的相关参数信息，根据这些信息可以选购要代换的电感器。

根据电感器的外形特征识读是很容易的事情。电感器种类的不同，具体的实物外形和制作工艺也不相同，通过外形特征识读电感器是指可以通过对电感器实物外形的观察，判别电感器的类型和制作工艺。在代换电感器时，在电路板上找到需代换的电感器，通过观察该电感器的外形，便大体可以知晓它属于何种类型的电感器，以及其制作工艺和封装形式等信息，然后进一步通过标识信息便可识读出电感器的规格。

（二）电感器代换时的注意事项

由于电感器的形态各异，安装方式也不相同，因此在对电感器进行代换时一定要注意方法。要根据电路特点以及电感器自身特性来选择正确、稳妥的焊装方法。通常，电感器都是采用焊装的形式固定在电路板上。从焊装的形式上看，主要可以分为表面贴装和插接焊装两种形式。对于表面贴装的电感器，其体积普遍较小，这类电感器常用在电路板上元器件密集的数码电路中。在拆卸和焊接时，最好使用热风焊枪，在加热的同时使用镊子来实现对电感器的抓取、固定或挪动等操作。对于插接焊装的电感器，其引脚通常会穿过电路板，在电路板的另一面（背面）进行焊接固定，这种方式也是应用最广的一种安装方式。在对这类电感器进行代换时，通常使用普通电烙铁、焊锡丝即可。

（三）电感器的拆卸与安装

电感器的拆卸与安装方法和其他电子元器件基本相同。对于采用表面贴装形式安装在电路板上的电感器，由于焊接工艺、温度、环境等方面的影响，很可能会造成焊接不良的现象。此外，由于空心线圈、磁棒和磁环电感器属于电感量可变电感器，若线圈之间的间距或磁心的移动，则可能会影响电感量，因此在对该类电感器进行代换时，安装完毕后应将电感量调整到适当的位置上，然后用石蜡将线圈或磁心等进行固定。

二、电感器的分类

电感器的种类繁多分类方式不一。

按结构的不同可将电感器分为线绕式电感器和非线绕式电感器，还可将其分为固定电感器和可调电感器。按工作频率的高低可分为电感器高频电感器、中频电感器和低频电感器。按用途电感器还可分为振荡电感器、阻流电感器、隔离电感器、显像管偏转电感器、校正电感器、滤波电感器、补偿电感器等。下面介绍电路中几种常见的电感。

（一）空心电感

空心电感中间没有磁芯，通常电感量与线圈的匝数成正比，即线圈匝数越多电感量越大，线圈匝数越少电感量越小。在需要微调空心线圈的电感量时，可以通过调整线圈之间的间隙得到自己需要的数值，通常对空心线圈进行调整后要用石蜡加以密封固定，这样可以使电感器的电感量更加稳定而且还可以防止潮损。

（二）贴片电感

贴片电感又称为功率电感、大电流电感。贴片电感具有小型化、高品质、高能量储存和低电阻之特性。一般是在陶瓷或微晶玻璃基片上沉淀金属导片而制成的。

（三）磁棒电感

磁棒电感的基本结构是在线圈中安插一个磁棒制成的，磁棒可以在线圈内移动，用以调整电感的大小。通常将线圈做好调整后要用石蜡固封在磁棒上，以防止磁棒的滑动而影响电感。

（四）磁环电感

磁环电感的基本结构是在磁环上绕制线圈制成的。磁环的存在大大提高了线圈电感的稳定性，磁环的大小以及线圈的缠绕方式都会对电感造成很大的影响。

（五）封闭式电感

封闭式电感是一种将线圈完全密封在一绝缘盒中制成的。这种电感减少了外界对其自身的影响，性能更加稳定。

（六）互感滤波器

互感滤波器，又名电磁干扰电源滤波器，是由电感、电容构成的无源双向多端口网络滤波设备。其主要作用是为了消除外交流电中的高频干扰信号，进入开关电源电路，同时也防止开关电源的脉冲信号不会对其他电子设备造成干扰。互感滤波电感由 4 组线圈对称绕制而成。

三、电感器的技术指标

（一）电感量 L 及精度

电感量 L 表示线圈本身固有特性，主要决定于线圈的直径匝数及有无铁芯等，与电流大小无关。除专门的电感线圈（色码色环电感）外，电感量一般不专门标注在线圈上，而以特定的名称标注。电感量的基本单位是亨利（H），常用单位为毫亨（mH）、微亨（μH）、纳亨（nH）和皮亨（pH）。

电感量的精度，即实际电感量与要求电感量间的误差。对它的要求视用途而定。对振荡线圈要求较高，为 0.2%～0.5%。对耦合线圈和高频扼流圈要求较低，可以允许 10%～15%。对于某些要求电感量精度很高的场合，一般只能在绕制后用仪器测试，通过调节靠近边沿的线匝间距离或线圈中的磁芯位置来实现。

（二）品质因数 Q

品质因数 Q 是表示线圈质量的一个物理量，Q 为感抗 XL 与其等效的电阻的比值，线圈的 Q 值越高回路的损耗越小。线圈的 Q 值与导线的直流电阻骨架的介质损耗、屏蔽罩或铁芯引起的损耗、高频趋肤效应的影响等因素有关。线圈的 Q 值通常为几十到几百。通常，对调谐回路线圈的 Q 值要求较高，用高 Q 值的线圈与电容组成的谐振电路有更好的谐振特性；用低 Q 值线圈与电容组成的谐振电路，其谐振特性不明显。对耦合线圈，要求可低一些，对高频扼流圈和低频扼流圈，则无要求。

（三）分布电容

线圈的匝与匝间线圈与屏蔽罩间、线圈与底板间存在的电容被称为分布电容。分布电容的存在使线圈的 Q 值减小，稳定性变差，因而线圈的分布电容越小越好。为了减小线圈的固有电容，可以减少线圈骨架的直径，用细导线绕制线圈，或采用间绕法、蜂房式绕法。

四、电感器的代换

当电感器出现损坏的情况时，则应对其进行代换，由于电感器多采用分立式和贴片式安装在电路板上，因此对其进行代换时，应根据具体安装方式的不同，采用不同的拆卸和安装方法。

（一）分立式电感器的代换方法

在对分立式电感器进行代换时，应采用电烙铁、吸锡器、焊锡丝、镊子等工具进行拆卸和安装。先对电烙铁通电，进行预热，待预热完毕后再配合镊子将电感器取下，并进行清洁。代换分立式电感器时，应选用同型号的电感器。为了方便新电感器的焊接，通常需要将电感器的引脚进行加工。将加工后的电感器放置在电路板中，使用电烙铁和焊锡丝将电感器的引脚焊接在电路板中，完成分立式电感器的安装。

（二）贴片式电感器的代换方法

对于贴片式的电感器，则一般使用热风焊枪或镊子等进行拆卸和焊装。在拆卸和焊装贴片式电感器时，应将热风焊枪的温度调节旋钮调至4或5档，将风速调节旋钮调至1或2档，为热风焊枪通电，打开电源开关进行预热，然后再进行拆卸和焊装的操作。安装贴片式电感器时，应使用镊子将待安装的贴片式电感器按在电路板相应的引脚上，然后使用热风焊枪对贴片式电感器的引脚部分进行加热，待焊锡熔化后，先移去风枪嘴，以防止元器件被吹掉，最后移走镊子，使贴片式电感器的引脚固定在电路板上，至此代换完毕。

参考文献

[1] 卢东兴. 电子技术实验教学的研究与实践[J]. 科技资讯,2022,20(20):208.

[2] 雷敏. 电子技术在工业工程中的应用[J]. 电子技术,2022,51(04):94-96.

[3] 顾艳. 应用电子技术在电气工程中的应用解析[J]. 中国金属通报,2022(04):63-65.

[4] 左芬,杨军. 模拟电子技术[M]. 南京:南京大学出版社:2021:350.

[5] 章小宝,陈巍,万彬,等. 电工电子技术实验教程[M]. 重庆:重庆大学出版社:2019:171.

[6] 姜桥,邢彦辰,曲伟,等. 电子技术基础[M]. 北京:人民邮电出版社:2013:285.

[7] 刘琨,李克勤,乔瑞芳. 数字电子技术[M]. 北京:人民邮电出版社:2017:252.

[8] 雷慧杰,卢春华,李正斌. 电力电子应用技术[M]. 重庆:重庆大学出版社:2017:243.